典型筑路机械操作与保养

DIANXING ZHULU JIXIE CAOZUO YU BAOYANG

主　编◎浦恩辉
主　审◎杨经元

云南出版集团
云南人民出版社

图书在版编目（CIP）数据

典型筑路机械操作与保养 / 浦恩辉主编. —昆明：云南人民出版社，2014.8（2015.9 重印）

ISBN 978-7-222-12172-0

Ⅰ. ①典… Ⅱ. ①浦… Ⅲ. ①筑路机械-操作-中等专业学校-教材②筑路机械-保养-中等专业学校-教材 Ⅳ. ①U415.5

中国版本图书馆 CIP 数据核字（2014）第 169450 号

出 品 人：刘大伟
责任编辑：冯 琰
解彩群
装帧设计：杨纯显
责任校对：赵 红
责任印制：马文杰

《典型筑路机械操作与保养》
主 编 浦恩辉
主 审 杨经元

出 版 云南出版集团 云南人民出版社
发 行 云南人民出版社
社 址 昆明市环城西路 609 号
邮 编 650034
网 址 http://ynpress.yunshow.com
E-mail ynrms@sina.com
开 本 787mm×1092mm 1/16
印 张 7.5
字 数 170 千
版 次 2014年8月第 1 版第 1 次印刷 2015 年 9 月第 2 次印刷
印 刷 昆明彩邦印务有限公司
书 号 ISBN 978-7-222-12172-0
定 价 22.00 元

如有图书质量与相关问题请与我社联系
审校部电话：0871-64164626 印制科电话：0871-64191534

前　言

为深入贯彻党的十八届三中全会通过的《中共中央关于全面深化改革若干重大问题的决定》中提出的“要加快现代职业教育体系建设，深化产教融合、校企合作，培养高素质劳动者和技能型人才”的精神，更好地适应中等职业技术学校筑路机械类专业的教学要求，全面提升教学质量，作为国家中等职业教育改革发展示范学校建设计划学校的云南省交通高级技工学校，按照《教育部　人力资源社会保障部　财政部关于实施国家中等职业教育改革发展示范学校建设计划的意见》（教职成〔2010〕9号）要求，在多年推行理实一体化教学改革的成功经验基础上，充分吸收国内外职业教育教学改革的先进理念，以职业综合能力培养为核心，全面推动以工作过程为导向的课程改革。学校整合一线教师和行业、企业专家力量，在充分调研市场需求和对相关岗位进行全面的岗位能力分析的基础上，研发出版这套校本精品教材。

作为筑路机械类专业的核心课程，《典型筑路机械操作与保养》教材采用任务驱动的课程模式与教学方法，以学生为教学的中心，教师做好安排与指导，采用学生自主查阅资料、分组讨论、情境演练、典型案例分析和实操训练等多种教学方法。课程内容的编排和组织是以企业需求、学生的认知规律、多年的教学积累为依据确定的。立足于实际能力培养，对课程内容的选择标准做了根本性改革，打破以知识传授为主要特征的传统学科课程模式，转变为以工作任务为中心组织课程内容，让学生在完成具体项目的过程中学会完成相应工作任务，并构建相关理论知识，发展职业能力。

本书是云南省交通高级技工学校筑路机械操作与维修专业教学用书，也可作为同类职业院校相关专业教学用书，或作为继续教育、职业培训教材及筑路机械操作维修人员参考书目。

本书由云南省交通高级技工学校浦恩辉老师主编，吴光星老师参编：浦恩辉编写任务一、任务三和任务五，吴光星编写任务二、任务四和任务六。全书由云南省交通高级技工学校杨经元校长主审。本书编写过程还得到了云南省公路开发投资有限责任公司工程技术处处长、高级工程师王高，云南阳光道桥股份有限公司高级机械工程师刘军杞、陈文彦，昆明云沃工程机械有限公司副总经理及 VOLVO 主任工程师黄生丛，云南第一公路桥梁工程有限公司人力资源部经理苏钟林、总经理助理及工程师鲍文勇等行业专家的热情指导和帮助，他们对教材编写大纲和教材审定给予了大力支持。在此一并表示感谢。

由于编写时间较为仓促，加之编者水平有限，书中难免存在纰漏，敬请广大读者批评指正。

编　者

2014 年 5 月

目　　录

学习任务一　挖掘机施工

挖掘机是土石方施工工程中的主要机械设备之一，能挖掘地基、土石方、装载作业等，更换工作装置后可进行浇筑、起重、安装、打桩、夯土等作业。据统计，工程施工中有60%以上的土石方量是靠挖掘机械来完成的，挖掘机的作业范围非常广泛。优秀的挖掘机操作员必须掌握挖掘机的各种施工作业方法。

子任务1.1　起动前检查

挖掘机操作员小李每天起动挖掘机直接工作，经过一段时间的工作后，挖掘机出现了各种各样的问题，导致挖掘机停工。工作期间还出现过一些危险事故，面对出现的这些问题，操作员小李应该怎么做?

挖掘机操作员小李以前的工作方法是不对的，操作挖掘机前我们要学习挖掘机安全操作规程，起动前要检查挖掘机，工作中要观察挖掘机监控面板参数，工作后要检查挖掘机，出现问题后要及时维修，减少挖掘机的停工时间。

专业能力

◇ 认知挖掘机安全操作规程；

◇ 掌握挖掘机的起动前检查项目。

方法能力

◇ 学生形成较强的制订工作计划、确定工作方法的能力；

◇ 学生形成较强的自学能力和资料检索能力。

社会能力

◇ 学生养成诚实守信、吃苦耐劳的优良品德；

◇ 学生能将安全生产意识和积极学习、工作的习惯运用到社会生活中；

◇ 学生具备较强的集体荣誉感，形成善于与人共事共处的沟通协作能力；

◇ 学生形成较强的口头和书面表达能力。

6 学时

由教师给出学习任务，分析重点、难点，提供解决思路，指导完成任务。学生通过自主学习，能掌握挖掘机安全操作规程，完成起动前检查、施工中检查。学生间讨论交流，加深对本学习任务的理解。

（一）挖掘机安全操作规程

1. 作业前准备。

（1）仔细阅读挖掘机使用说明书等有关技术资料，详细了解施工现场的任务情况，并采取相应的安全措施。

（2）检查挖掘机停放处土壤的坚实情况和平稳性，轮胎式挖掘机应加支撑并保持平稳、可靠。

（3）挖掘基坑、沟槽时，应检查沟槽边坡的稳定情况，以防止挖掘机坍塌。

（4）严禁任何人员在挖掘机作业区内停留，挖掘机操作室内禁止无关人员进入，不允许放置妨碍操作的任何物品。

（5）挖掘机工作场地，应便于自卸车的出入。

（6）检查液压系统有无渗漏。

（7）轮胎式挖掘机应检查轮胎是否完好，轮胎气压是否符合规定。

（8）对挖掘机的发动机、传动装置、制动装置、回转装置以及仪器、仪表等进行检查，并经试运转确认正常后，方可开始工作。

2. 作业与行驶要求。

（1）发动机起动或操作开始前应发出信号。

（2）装载作业时，应待汽车停稳后，再进行装料。

（3）卸料时，在不碰及汽车任何部位的情况下，铲斗应尽量放低，并禁止铲斗从驾驶室上越过。

（4）作业时，禁止任何人上下机械和传递物品。

（5）作业时，不要随便调节发动机、调速器以及液压系统、电器系统。

（6）作业时，要注意选择和创造合理的工作面，严禁掏洞挖掘。

（7）禁止用铲斗击碎坚固物体，也不准用回转机械方式使铲斗破碎坚固物体。

（8）禁止将挖掘机布置在上下两个挖掘面内同时作业。在工作面内移动时，应先平整地面，并排除通道内的障碍物，如在松软地面上移动时，须在行走装置下垫方木。

（9）作业时，如遇较大石块或坚硬物体时，应先清除，再继续作业；禁止挖掘未经爆破的四级以上岩石。

（10）禁止用铲斗杆或铲斗油缸顶起挖掘机。铲斗没有离开地面时，挖掘机不能作横向行驶或回转运动。

（11）禁止在电线等空中架设物下作业，不允许将满载的铲斗长时间滞留在空中。

（12）禁止用挖掘机动臂拖拉位于侧面的重物；禁止用液压挖掘机工作装置突然下降的方式进行挖掘。

（13）回转平台上部做回转运动时，回转手柄不能做与回转方向相反的操作。

（14）操作人员必须随时注意各部件的运转情况，发现异常应立即停机，及时抢修。

（15）不得在停机面以下作业。

（16）液压挖掘机正常工作时，油温应在50～80℃之间，机械使用前，液压油温低于20℃时，要进行预热运转；油温达到或超过80℃时，应停机散热。

3. 作业后的要求。

（1）挖掘机行走时，遇电线、交叉道、管道和桥梁时，须有专人指挥；挖掘机与高压线距离不得小于5米；应尽可能避免倒退行走。

（2）行走时动臂应和履带平行，回转台应锁定，铲斗离地面应1米左右；下坡应用低速行驶，禁止变速和滑行。

（3）挖掘机停放位置和行走路线应与路面、沟渠、基坑等保持足够的安全距离，以免侧滑。

（4）挖掘机需在斜坡停车时，铲斗必须降落到地面，所有操纵杆置于中位，停机制动时，应在履带后面垫置模块。

（5）工作结束后，应将机身转正，将铲斗放落到地面，并将所有操纵杆放到空挡位置，各部位制动器制动，关好机械门窗后，方可离开。

（二）挖掘机的操作装置及仪表

1. 驾驶室与操作台如图1－1－1所示，各部件功用见表1－1－1。

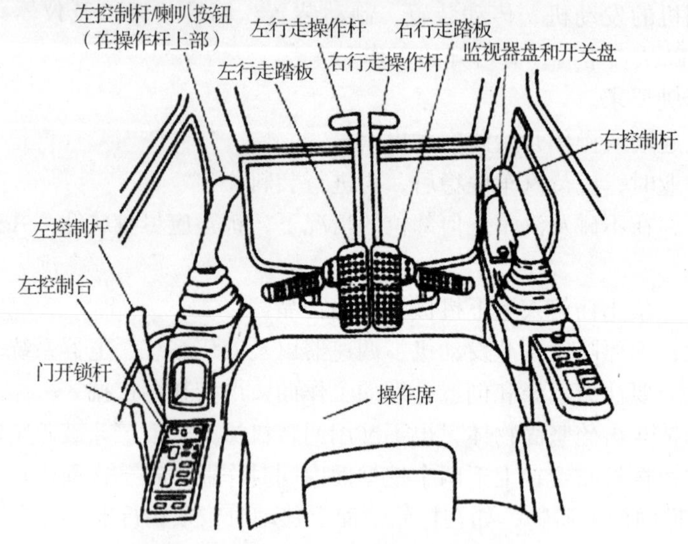

图1－1－1　挖掘机驾驶室与操作台

表1－1－1　驾驶室各部件功用

名　称	功　用
1. 左控制杆	控制上部车体旋转和斗杆油缸伸缩
2. 右控制杆	控制动臂上升或下降和铲斗翻转
3. 先导控制开关	切断（停机）或接通（作业）至先导控制阀的液压先导压力
4. 监视器和开关	
5. 左控制台	
6. 左行走操作杆	控制挖掘机行走与转向
7. 右行走操作杆	控制挖掘机行走与转向
8. 左行走踏板	
9. 右行走踏板	
10. 驾驶室门开锁杆	解锁驾驶室门

2. 挖掘机监视器及各仪表工作范围，如图 1－1－2、1－1－3 所示。

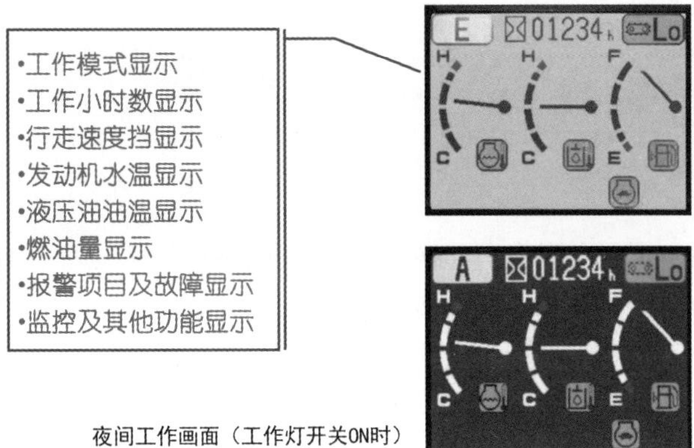

图 1－1－2　挖掘机监视器

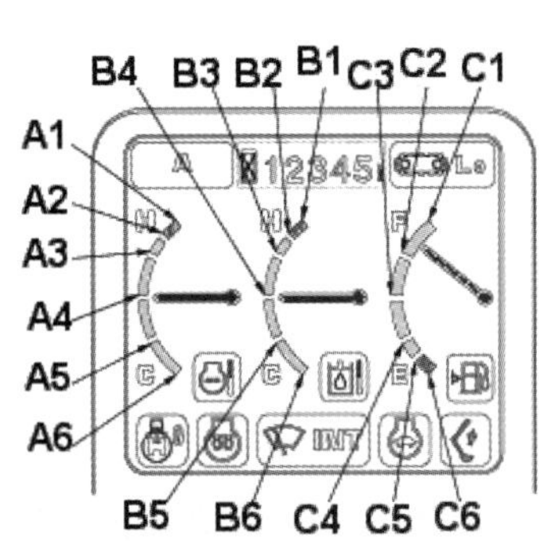

仪表	范围点	数值	显示
发动机水温（℃）	A1	105	红
	A2	102	红
	A3	100	绿
	A4	80	绿
	A5	60	绿
	A6	30	白
液压油油温（℃）	B1	105	红
	B2	102	红
	B3	100	绿
	B4	80	绿
	B5	40	绿
	B6	20	白
燃油箱油量（L）	C1	289	绿
	C2	245	绿
	C3	200	绿
	C4	100	绿
	C5	60	绿
	C6	41	红

图 1－1－3　挖掘机监视器

（三）起动前检查

1. 检查冷却液的量，如果冷却液过少，加水；
2. 检查发动机油底壳中的油位，如果机油过少，加机油；
3. 检查燃油的油量，如果燃油过少，加燃油；
4. 检查液压油的油量，如果液压油过少，加液压油；
5. 检查空气滤清器是否堵塞；
6. 检查电源线桩子是否有松动；
7. 检查喇叭是否正常；
8. 检查油水分离器中的水和沉淀物，放出水和沉淀物；
9. 从燃油箱底部放出水和沉淀物；
10. 检查工作装置是否需加注润滑脂；

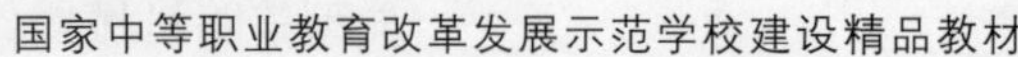

11. 检查机器仪表、指示灯是否正常。

工作情境一：

工作中，挖掘机出现了各种各样的问题，导致挖掘机停工。工作期间还出现过一些危险事故，面对出现的这些问题，挖掘机操作员应该怎么办？哪些方面需要改进？

工作情境二：

作为挖掘机操作员，做挖掘机起动前检查，需要检查哪些项目？需要哪些工具？小李在教师的指导下完成挖掘机起动前检查。

执行方式：

分组讨论、情境演练、实操训练。

子任务 1.2　基本动作训练

小李学习挖掘机操作，在学习了挖掘机相关理论知识后，要到挖掘机上进行实作训练，小李要从哪里入手学习呢？学习中有哪些注意事项呢？

小李在学习了挖掘机相关理论知识后，对挖掘机工作装置、驾驶室内的操作装置、监控器和操作手柄有了一定的认识，接下来，小李应该操作挖掘机手柄，将操作手柄的动作与工作装置的动作对应起来，了解操作手柄的行程与工作装置运动速度的关系。

专业能力

◇ 知道挖掘机分解动作的操作方法；

◇ 知道挖掘机的起动和熄火方法。

方法能力

◇ 学生形成较强的制订工作计划、确定工作方法的能力；

◇ 学生形成较强的自学能力和资料检索能力。

社会能力

◇ 学生养成诚实守信、吃苦耐劳的优良品德；

◇ 学生能将安全生产意识和积极学习、工作的习惯运用到社会生活中；

◇ 学生具备较强的集体荣誉感，形成善于与人共事共处的沟通协作能力；

◇ 学生形成较强的口头和书面表达能力。

12 学时

由教师给出学习任务，分析重点、难点，提供解决思路，指导完成任务。学生通过自主学习，能掌握挖掘机操作方法，完成起动、熄火。学生间讨论交流，加深对本学习任务的理解。

（一）挖掘机的基本操作

1. 挖掘机基本操作，如表 1－2－1 所示。

2. 挖掘机工作装置基本操作（反铲挖掘机），如图 1－2－4 所示。

（1）反铲作业时，从动轮应在前面，驱动轮在后面。

（2）动臂提升与下降：操纵右手柄到 *a* 位置（右后），动臂上升；操纵右手柄到 *b* 位置（右前），动臂下降。

（3）铲斗油缸的操纵：操纵右手柄到 *c* 位置（右外），反铲铲斗上翻转；操纵右手柄到 *d* 位置（右内），铲斗下翻转。

（4）若按 45 度方向操纵右手柄，将会引起相应的动臂与铲斗两个动作同时进行。

bd（右前内）：动臂下降，铲斗下翻转；*ad*（右后内）：动臂上升，铲斗下翻转；

be（右前外）：动臂下降，铲斗上翻转；*ae*（右后外）：动臂上升，铲斗上翻转。

（5）小臂油缸的操作：操作左手柄到 *g* 位置（左前），小臂向外摆动；操作左手柄到 *h* 位置（左后），小臂向内摆动。

（6）转台回转操作：操作左手柄到 *e* 位置（左外），上部车体向左回转；操作左手柄到 *f* 位置（左内），上部车体向右回转。

（7）若按 45 度方向操作左手柄，将会引起相应的小臂与上部车体两个动作同时进行。

ge（左前内）：小臂向外摆动，转台左转；*he*（左后外）：小臂向内摆动，转台左转；

gf（左前外）：小臂向外摆动，转台右转；*hf*（左后内）：小臂向内摆动，转台右转。

表 1－2－1　挖掘机基本操作

<table>
<tr><th>项　目</th><th colspan="2">操作步骤</th></tr>
<tr><td rowspan="5">挖掘机的行走</td><td colspan="2">全液压挖掘机的行走与制动器松开是由并联于左右行走马达的梭阀控制的。正确的行走位置是张紧轮在挖掘机的前部，行走马达在后部，如果位置相反则行走踏板的控制作用将相反。行走前一定要确认行走马达的位置。</td></tr>
<tr><td>向前直线行走</td><td>用脚尖同时踏下两个踏板的前部或向前推两个行走杆。</td></tr>
<tr><td>向后直线行走</td><td>用脚跟同时踏下两个踏板的后部或向后拉两个行走杆。</td></tr>
<tr><td>逆时针旋转</td><td>用右脚尖踏下右踏板前部，同时用左脚跟踏下左踏板后部或向前推右行走杆，向后拉左行走杆（如图 1－2－1 所示）。</td></tr>
<tr><td>顺时针旋转</td><td>用右脚跟踏下右踏板后部，同时用左脚尖踏下左踏板前部或向前推左行走杆，向后拉右行走杆（如图 1－2－2 所示）。</td></tr>
<tr><td>用单边履带转向</td><td colspan="2">向左前方转向，用右脚尖踏下右踏板前部；向右前方转向，用左脚尖踏下左踏板前部。
注意：为了保护履带部件，应尽量避免向后行驶转向（如图 1－2－3 所示）。</td></tr>
<tr><td>中立位置与行走制动</td><td colspan="2">行走踏板和拉杆处于中立时，挖掘机处于制动状态。当操作行走踏板和拉杆时，挖掘机将行走或转向。</td></tr>
<tr><td>柴油机熄火停车</td><td colspan="2">1. 柴油机熄火前，要把挖掘机停放在安全平坦的地方，并把工作装置放至地面。
2. 让发动机怠速运转 3～5 分钟（禁止满负荷工况下突然熄火），然后逆时针转钥匙开关至 OFF（关），此时发动机熄火。
3. 拔出钥匙，关闭电源。
4. 将先导控制开关杆拉到 LOCK（锁住）位置。</td></tr>
</table>

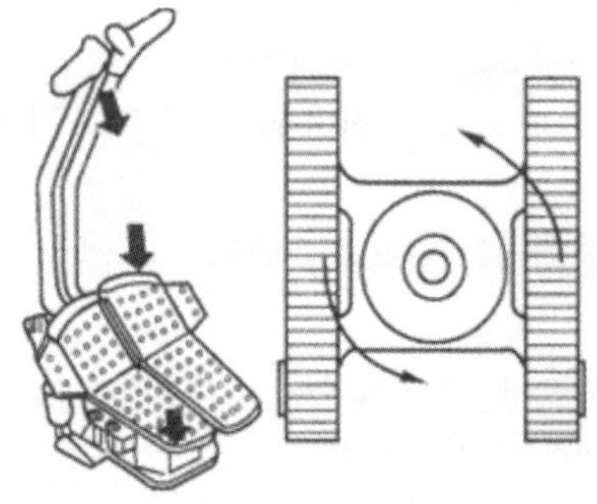
图 1－2－1　逆时针旋转

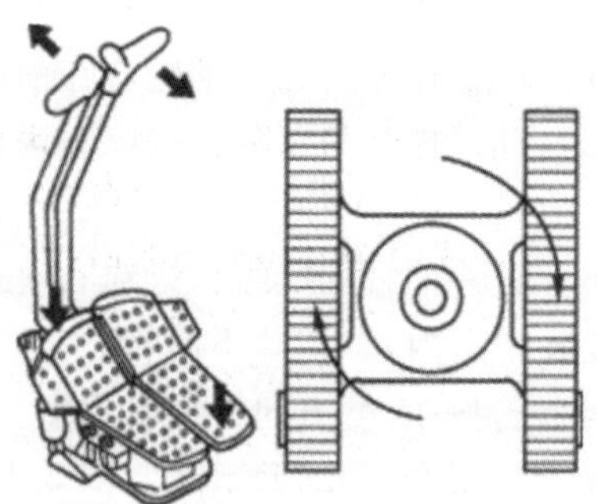
图 1－2－2　顺时针旋转

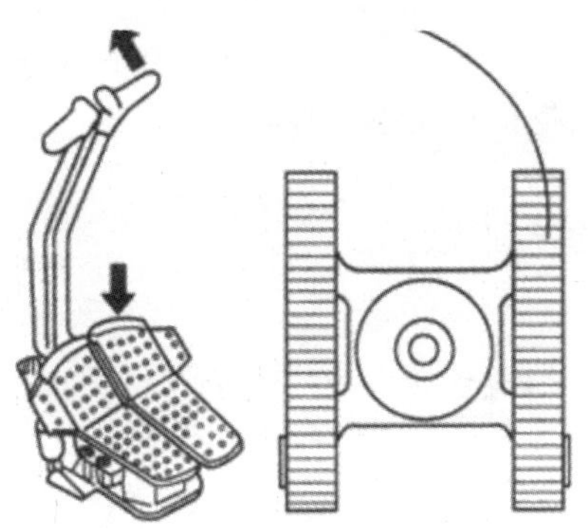

图 1－2－3　单边履带行走

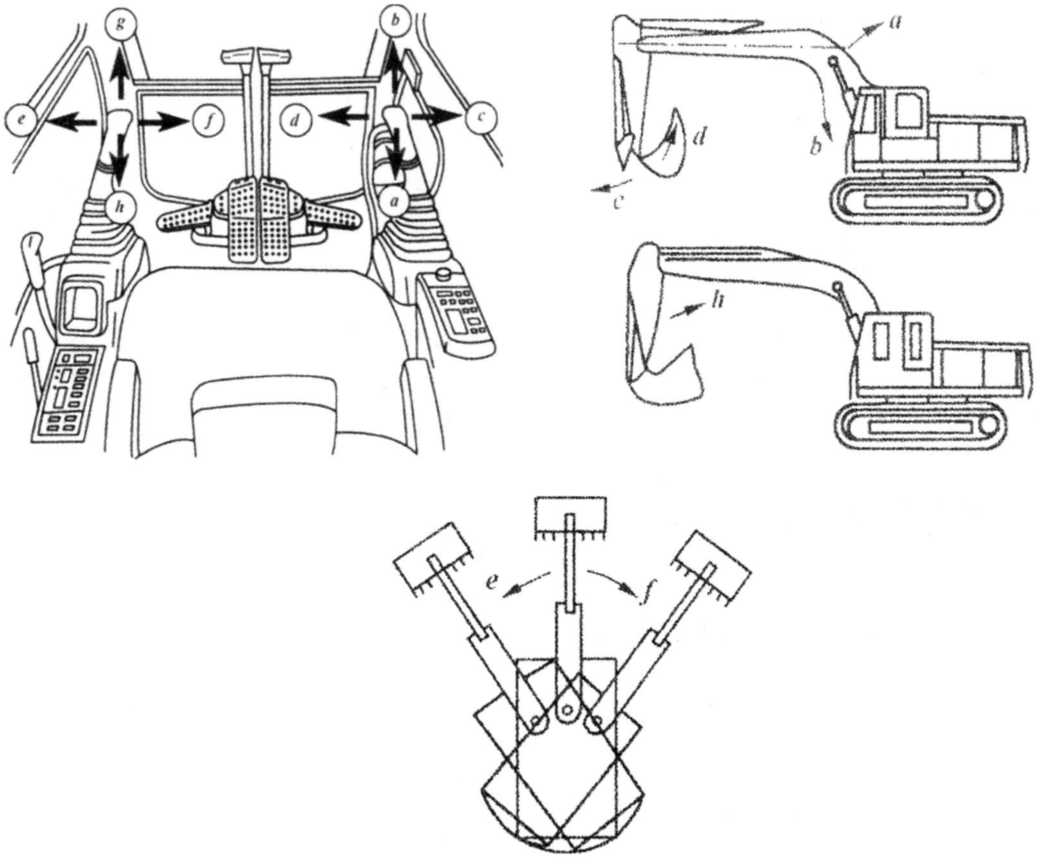

图 1－2－4　挖掘机工作装置基本操作

工作情境一：

小李学习挖掘机操作，在学习了挖掘机相关理论知识后，要到挖掘机上进行实作训练，小李要从哪里入手学习呢？学习中有哪些注意事项呢？

工作情境二：

小李在教师指导下，完成挖掘机基本动作训练。

执行方式：

分组讨论、情境演练、实操训练。

子任务 1.3　挖掘作业

小李到企业参加挖掘机操作实习，公司要求挖出一条公路的路基，面对这样一个任务，挖掘机能做哪些工作呢？小李需要学习哪些方面的知识呢？

小李在学习了挖掘机基本操作后，能操作挖掘机完成简单的工作，接下来，小李要操作挖掘机进行挖掘作业，在工作中，根据土质的不同，有不同的挖掘方法。通过学习挖掘机挖掘作业，掌握挖掘机的操作方法，为以后的工作打下坚实的基础。

专业能力

◇　口述挖掘机挖掘作业的操作方法；

◇　能根据不同的土质选择挖掘方法。

方法能力

◇　学生形成较强的制订工作计划、确定工作方法的能力；

◇　学生形成较强的自学能力和资料检索能力。

社会能力

◇　学生养成诚实守信、吃苦耐劳的优良品德；

◇　学生能将安全生产意识和积极学习、工作的习惯运用到社会生活中；

◇　学生具备较强的集体荣誉感，形成善于与人共事共处的沟通协作能力；

◇　学生形成较强的口头和书面表达能力。

24 学时

由教师给出学习任务，分析重点、难点，提供解决思路，指导完成任务。学生通过自主学习，能掌握挖掘机挖掘作业的操作方法。学生间讨论交流，加深对本学习任务的理解。

（一）挖掘作业

大多数液压挖掘机都采用双手柄，以便于实现各种复合动作。液压挖掘机的作业循环主要分为挖掘—回转—卸土—返回 4 个步骤。在每一个步骤中都有可能有复合动作，即铲斗转动和小臂收放、动臂升降和转台回转。

1. 高效的挖掘方法。

（1）挖掘作业。

当铲斗油缸和连杆、小臂油缸和小臂都成 90 度时，每个油缸推动挖掘的力为最大。挖掘时，要有效地使用该角度以便提高工作效率。小臂挖掘的范围是：小臂从远侧 45 度至内侧 30 度的角度。在该范围内，同时操作小臂和铲斗，不能将油缸操作至行程末端。如图 1 -3 -1 所示。

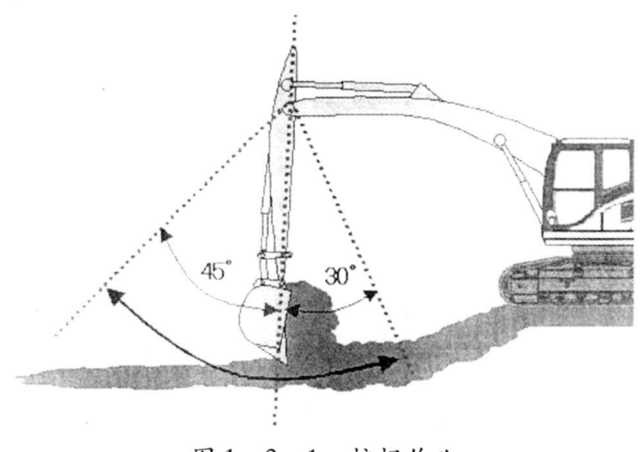

图 1 -3 -1　挖掘作业

（2）松软土质挖掘。

挖掘松软土质时，把铲斗底板与地面的角度设为60度左右，一面降下大臂，一面收斗杆，使铲斗插进约2/3处，然后用铲斗进行挖掘。如图1－3－2所示。

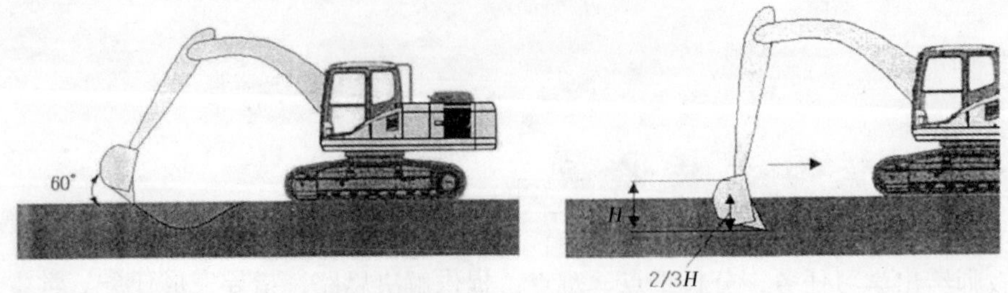

图1－3－2　松软土质挖掘

（3）较硬土质挖掘。

挖掘沙质土等天然地面时，把铲斗底板与地面的角度设置成30度左右，收斗杆，铲斗保持在插入地面1/3，一边进行大臂提升的微操作，一边水平收铲斗，然后按照泥土进入的状况，倾斜铲斗掘进。如图1－3－3所示。

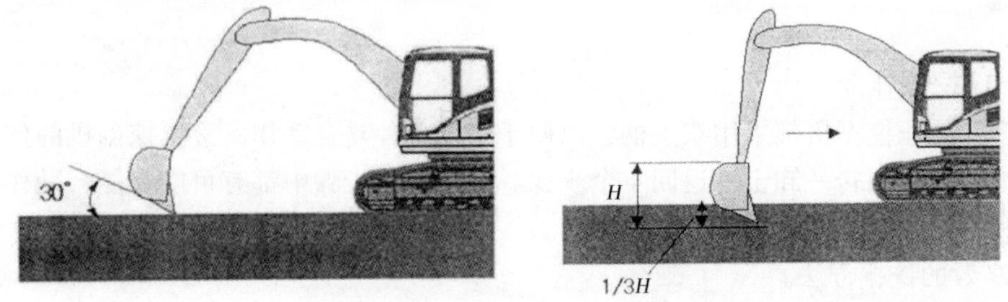

图1－3－3　较硬土质挖掘

（4）上方挖掘作业。

挖掘停机面上部物料时，要把铲斗底面与地面角度设置为垂直，然后保持该状态，收斗杆、下降大臂进行挖掘。如果遇到岩石，挖掘机不能工作时，大臂保持下压状态，用铲斗撬挖。如图1－3－4所示。

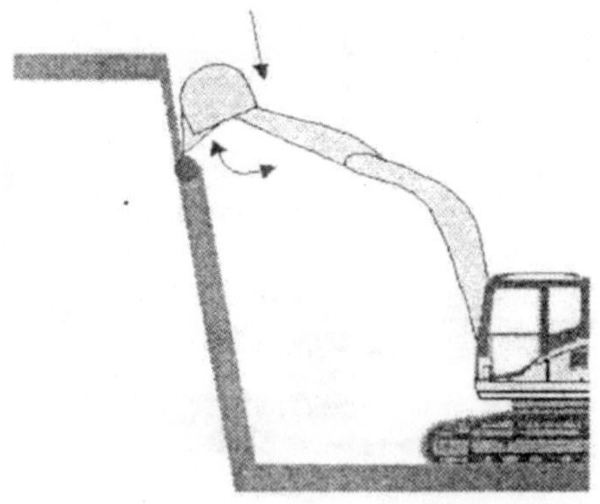

图1－3－4　上方挖掘作业

（5）挖掘机装载作业。

挖掘机装载作业分为 4 个步骤，即挖掘→大臂提升回转→排土→降下大臂回转。

①反铲装载。

挖掘机从高于翻斗车的地基上装车，挖掘机所在平台与翻斗车车厢相等或略高，平台要稳固。挖掘装载后回转，铲斗高度高于翻斗车车厢，进行待机，翻斗车倒车时要注意铲斗的位置，到达装载位置后，挖掘机鸣喇叭示意停车。反铲装载法效率好，视野好，易装载。如图 1－3－5 所示。

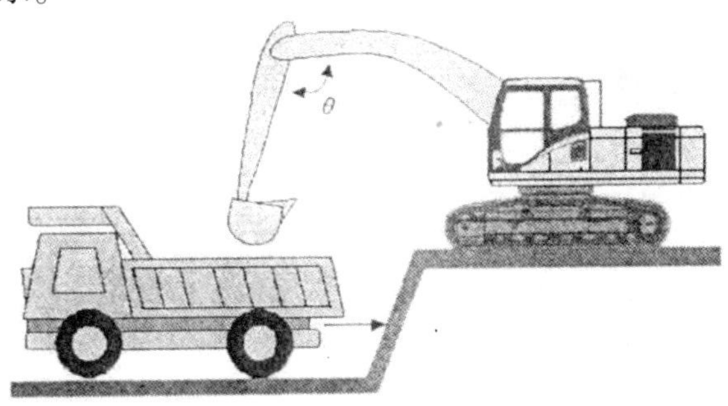

图 1－3－5　反铲装载

②回转装载。

挖掘机和翻斗车在同一水平的地基上装车，大臂提升回转时，铲斗升高量应适应 90 度回转中翻斗车的高度。翻斗车放置在挖掘机铲斗能够触碰到翻斗车车厢前端，翻斗车车身与履带要成直角。挖掘机挖掘后用铲斗加大臂提升靠近翻斗车，从翻斗车最前端开始装载。如图 1－3－6、图 1－3－7 所示。

图 1－3－6　回转装载

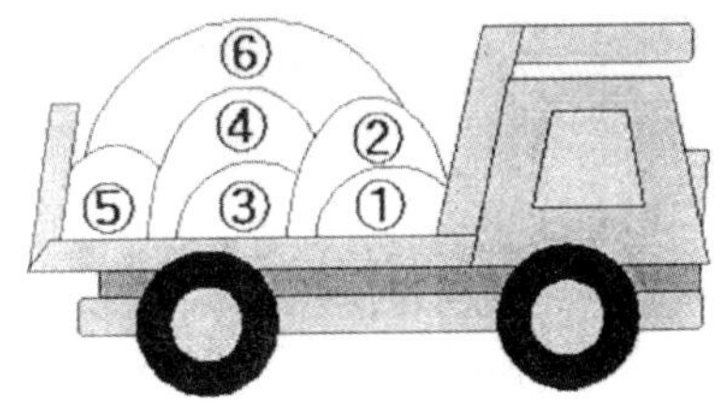

图 1－3－7　装载顺序

工作情境一：

小李到企业参加挖掘机操作实习，公司要求挖出一条公路的路基，面对这样一个任务，挖掘机能做哪些工作呢，小李需要学习哪些方面的知识呢?

工作情境二：

小李在教师的指导下挖掘路基，并将挖掘出来的土石方装载，挖掘顺序是什么呢?挖掘机与翻斗车如何放置呢?

执行方式：
分组讨论、情境演练、实操训练

子任务 1.4　平地（扒拢）作业

小李到企业参加挖掘机操作实习，公司要求挖出一条公路的路基，公路基本成型后，要平整路基，面对这样一个任务，我们能用挖掘机进行平地（扒拢）吗？面对不同的施工要求和场地，需要用到不同的平地（扒拢）方法，小李需要学习哪些方面的知识呢？

小李在学习了挖掘机的基本操作和挖掘作业后，面对需要平整的场地，对小李来说是一个全新的操作方法。根据不同的土质和施工环境选择不同的平地方法，通过学习挖掘机平地（扒拢）作业，掌握挖掘机的平地（扒拢）方法，为以后的工作打下坚实的基础。

专业能力

◇ 描述挖掘机平地作业的操作方法；
◇ 根据土质，选择不同的平地（扒拢）方法。

方法能力

◇ 学生形成较强的制订工作计划、确定工作方法的能力；
◇ 学生形成较强的自学能力和资料检索能力。

社会能力

◇ 学生养成诚实守信、吃苦耐劳的优良品德；
◇ 学生能将安全生产意识和积极学习、工作的习惯运用到社会生活中；
◇ 学生具备较强的集体荣誉感，形成善于与人共事共处的沟通协作能力；
◇ 学生形成较强的口头和书面表达能力。

18 学时

由教师给出学习任务，分析重点、难点，提供解决思路，指导完成任务。学生通过自主学习，能掌握挖掘机平地（扒拢）作业的操作方法。学生间讨论交流，加深对本学习任务的理解。

（一）平地（扒拢）作业

1. 用铲刃尖的平地（扒拢）作业（大臂 + 斗杆）。

铲刃尖在地面水平移动。伸展小臂，降下大臂，使铲刃尖与地面垂直，往近身一侧收小臂，同时微微提升大臂，小臂越过垂直位置时，微微降下大臂，保持铲刃在地面。如图 1－4－1 所示。

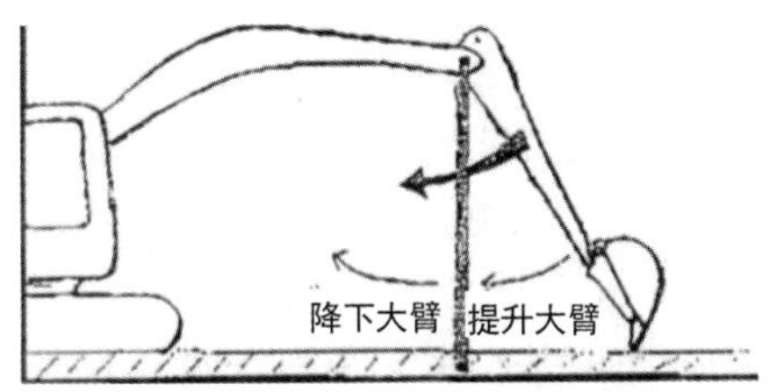

图 1－4－1　铲刃尖的平地（扒拢）作业

2. 用铲斗底面的平地（扒拢）作业（大臂 + 斗杆 + 铲斗）。

铲斗底面在地面水平移动。伸展小臂，降下大臂，使铲斗底面与地面成水平，往近身一侧收小臂，同时微微提升大臂。小臂越过垂直位置时，微微降下大臂，这时，为了保持铲斗底面的水平状态，铲斗慢慢地复位。如图 1－4－2 所示。

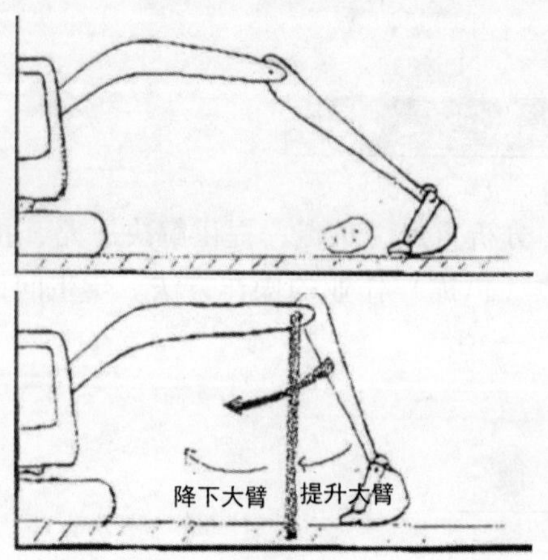

图 1-4-2　铲斗底面的平地（扒拢）作业

工作情境一：

小李到企业参加挖掘机操作实习，公司要求挖出一条公路的路基，公路基本成型后，要平整路基，面对这样一个任务，我们能用挖掘机进行平地（扒拢）吗？面对不同的施工要求和场地，需要用到不同的平地（扒拢）方法，小李需要学习哪些方面的知识呢？

工作情境二：

公路的路基凹凸不平，需要将路基整平，小李在教师的指导下用挖掘机平整场地。

执行方式：

分组讨论、情境演练、实操训练

学习任务二　挖掘机维护保养

筑路机械维护保养是指为降低机件磨损速度、预防故障的发生，从而延长机械使用寿命而采取的预防性技术措施。筑路机械维护保养是筑路机械管理的重要环节，是保证机械经常处于良好状态的基本技术措施。其基本任务是通过完成规定的维护保养内容，使机械清洁完整、润滑良好、调整适当、紧固可靠，以发挥效益、减少磨损、降低消耗、延长使用寿命。

根据筑路机械技术状况变化规律和所处地域的地理、环境、气候不同，筑路机械的维护保养可分为：走合维护、日常技术维护、定期维护、换手保养、特殊气候条件下保养、短期停用、长期封存维护保养等不同类型。

在筑路机械的维修管理中，通常依据各种机械设备零件的磨损规律，把机械从完好状况到需要彻底修理期间规定出各级定期维护保养的间隔期及具体的作业内容，即当机械设备运转到规定的间隔期时，就要执行规定级别的保养作业，以防止零件的早期磨损或损坏事故发生，使机械设备经常保持正常的技术状况，延长使用寿命。机械设备预期保修周期表是机械管理部门编制机械维修计划的依据，也是施工单位安排机械保养和使用的根据。由于机械设备的种类繁多，其设计结构、制造材质和使用条件各不相同，因此它们的保修间隔期是不相同的，为此，应根据实际情况区别对待，并按照生产厂家的规定制定具体的实施细则。

目前，在许多单位，技术保养工作仍是按照保养间隔周期（即工作小时）强制进行的，因而要首先确定出何时进行哪个级别的技术保养（项目），即制订出机械技术保养计划，以便明确任务，安排保修力量，协调与生产方面的工作。机械技术保养计划分年度计划、季度计划和月度计划 3 种。其中：年度计划主要用来平衡各季度保养项目和保养次数；季度计划主要用来平衡每月保养项目和一般保养次数；月度计划则是确定各级保养进行的日期和停机日。

另外，通过制订年度、季度和月度保养计划，可使有关管理人员合理安排保修力量、保修资金，做好配件供应计划，将使用与保养工作有机地结合起来。

不同的部门、不同的区域机构或大型公司可以根据自己的工作性质、任务状况、装备实力等因素确立适合自己的筑路机械维护保养计划、制度、等级以及分工实施办法。目前很多单位对筑路机械保养采用计划保修制和定期维护保养制度。也有不少单位开始推行视情保养、视情维修制度。每种制度各有其优越性和合理性，也各有弊端。无论采用哪种制度，只要认真贯彻执行，都能有效地延长筑路机械的使用寿命，提高其运行效益。

根据维护保养工作的难度和技术要求，二级保养以下、走合维护保养、封存保养、换季保养及特殊气候条件下保养由操作手、驾驶员独立完成；三级保养由修理人员承担，操作手、驾驶员参与和协助。

本书以小松 PC200－8 全液压挖掘机为例，介绍挖掘机维护保养要求、方法和步骤。

子任务 2.1　挖掘机走合维护

新机或大修竣工挖掘机投入使用的初期称为挖掘机走合期。挖掘机走合期是为了使挖掘机向正常使用阶段过渡，而在使用中对相互配合的摩擦表面进行磨合加工的工艺过程。经过挖掘机走合期的使用，零件表面不平部分被磨去，从而形成光滑而耐磨的工作表面，以承受正常工作载荷；同时，由于走合期内所暴露出的生产、修理缺陷得以排除，减少了挖掘机正常使用阶段的故障率，从而提高了挖掘机的使用可靠性。

今天公司销售部门与某工程公司签订了一批小松 PC－8 挖掘机的销售合同，约定后天交付。公司决定，新机交付的具体事宜由你来完成，其中就包括告知用户新机走合维护的有关事项，你将怎样完成这个任务？

目前，部分用户由于缺少挖掘机使用维护常识，或是由于工期紧，或是想尽快获得收益，而疏忽新机走合期的使用维护保养要求。有的用户甚至认为，反正厂家有保修期，机器坏了由厂家负责维修，于是使挖掘机在走合期内就长时间超负荷使用，导致其早期故障频发，这不仅影响挖掘机的正常使用，缩短其使用寿命，还将影响工程进度。因此，售后服务人员有必要引导用户正确理解并充分重视挖掘机走合期的使用与维护保养要求。

专业能力

◇　学生在工作中认真落实对柴油、机油、冷却水、空气等的管理；

◇　学生能清晰描述挖掘机走合维护的注意事项并告知客户。

方法能力

◇　学生形成较强的制订工作计划、确定工作方法的能力；

◇　学生形成较强的自学能力和资料检索能力。

社会能力

◇ 学生养成诚实守信、吃苦耐劳的优良品德；

◇ 学生能将安全生产意识和积极学习、工作的习惯运用到社会生活中；

◇ 学生具备较强的集体荣誉感，形成善于与人共事共处的沟通协作能力；

◇ 学生形成较强的口头和书面表达能力。

4 学时

首先，学生须明确学习任务的内容和目标；

其次，学生应广泛利用各种媒介搜集有关资讯，筛选信息，为我所用；

最后，学生应认真观看教师示范或视频媒体，大胆提问，认真、科学地制订实施计划，有组织地开展实训工作。

（一）重视对“两油一水”（柴油、机油、冷却水）及进气的使用与管理

据统计，如果在工作中重视对柴油、机油、冷却水、进气的使用与管理，可减少柴油发动机约 70% 的故障，延长其使用寿命，提高工作效率。

1. 柴油的使用与管理。

（1）不使用水分、砂、硫、重油、石蜡等杂质含量偏高的柴油。

（2）每天工作开始前，放出油箱底部的水和沉淀物；每天工作结束后，加满油箱。

（3）当油水分离器中的浮标超过或接近红色标线时，排出其底部的水分。

（4）往柴油滤芯中加油时，应从其周围的一圈小孔加注。

（5）应避免柴油在运输、贮存、加注、使用过程中被污染。

（6）根据施工地点的环境温度选用牌号合适的柴油。

（7）严格按规定时间更换柴油滤芯。

（8）使用正品柴油滤芯，不使用伪劣柴油滤芯。

2. 机油的使用与管理。

（1）每天工作前应检查机油油位，同时还应通过眼观、鼻嗅、手触等方法检查机油中是否已混入柴油、水、金属颗粒等。

（2）避免发动机经常过热或收工时马上将发动机熄火，否则将造成机油因温度过高而提前劣化变质。

（3）往机油滤芯中加油时，应从其周围的一圈小孔加注。

（4）严格按规定时间更换机油及机油滤芯，同时检查旧机油中是否含有金属颗粒或其他杂质。

（5）严格按黏度等级和质量等级的要求使用正品机油。

（6）使用正品机油滤芯，不使用假冒伪劣的机油滤芯。

3. 冷却水的使用与管理。

（1）应使用软水（矿物质含量低的水）作为冷却水，不应使用硬水（矿物质含量高的水）。

（2）防冻液除了具有降低冰点（防冻）的作用外，还具有防锈、防腐、抑制气泡生成、提高沸点等功能，因此，即使在夏季也应使用防冻液。

（3）应避免经常放干装有防腐滤清器的发动机的冷却水。

（4）每天起动前应检查冷却水的液位。

（5）不应拆除冷却系统的节温器。

（6）选用合适的防冻液，根据环境温度配制冷却液浓度。

（7）按规定时间更换防冻液及防腐滤清器。

4. 进气的使用与管理。

（1）应使用正品空气滤芯，不使用假冒伪劣滤芯。

（2）为防止损伤涡轮增压器，不得让发动机在高怠速或低怠速时持续运转超过 20 分钟。

（3）重视日常检查，及时清洁和更换空气滤芯。

（二）走合维护

新机器或刚大修后的机器要特别注意最初 100 小时的磨合，在注重对“两油一水”和进气的使用与管理之余，还有下列注意事项：

1. 起动之前，一定要做好巡回检查与起动前检查工作。
2. 发动机起动之后，应怠速运转 5 分钟。
3. 除非遇到紧急情况，否则应避免突然加速、突然转向、突然停车等操作。
4. 避免进行重载作业或使发动机高速运转。
5. 避免机器长时间超负荷运转。
6. 发动机熄火之前，也应怠速运转 5 分钟。

工作情境一：

今天公司销售部门与某工程公司签订了一批小松 PC－8 挖掘机的销售合同，约定后天交付。公司决定，新机交付的具体事宜由你来完成，其中就包括告知客户新机走合维护的有关事项，你将怎样完成这个任务？

工作情境二：

假设你是工作情境一中工程公司方面的机手，现刚接手这批新机，你打算怎样实施新机的走合维护工作？

执行方式：

分组讨论、情境演练、实操训练。

子任务 2.2　挖掘机定期维护

在用的机械使用到规定的台班、工作小时或里程后所进行的维护，称为定期维护。定期维护按间隔时间长短可分为三级：一级维护的维护重点是润滑、紧固、突出解决“三滤”清洁；二级维护的重点是检查、调整；三级维护的重点是检查、调整，消除隐患，平衡各部机件的磨损程度等。

假设你是某工程公司挖掘机操作手，今天早上上班时间，接到销售服务商工作人员的电话，告知你手中的小松 PC－8 挖掘机 500 小时保养时间将至，与你约定来提供保养服务日期，最终双方约定后天来保养。那么，你知道此次保养需要多长时间吗？具体做些什么保养项目？怎样协助？

从目前采用的各种维护保养制度来看，定期保养仍是平时维护保养中涉及最多的一种保养制度和模式。除此之外，结合实际，采用积极灵活的定检保养、视情维护制度，也受到业内人士的积极推崇，但具体执行效果仍有待验证。尽管定期保养制度有时会造成“过维护”或“欠维护”的现象，但是定期保养在实际运用过程中容易掌控，具有更好的可操作性，因此许多单位仍在使用定期维护保养制，定检保养、视情维护制度完全取代定期保养制度也不太可能。

学习目标

专业能力

◇ 学生在工作中注重落实挖掘机的定期维护工作；

◇ 学生能描述挖掘机定期维护的主要项目。

方法能力

◇ 学生形成较强的制订工作计划、确定工作方法的能力；

◇ 学生形成较强的自学能力和资料检索能力。

社会能力

◇ 学生养成诚实守信、吃苦耐劳的优良品德；

◇ 学生能将安全生产意识和积极学习、工作的习惯运用到社会生活中；

◇ 学生具备较强的集体荣誉感，形成善于与人共事共处的沟通协作能力；

◇ 学生形成较强的口头和书面表达能力。

建议学习时间

44 学时

学习方法指导

首先，学生须明确学习任务的内容和目标；

其次，学生应广泛利用各种媒介搜集有关资讯，筛选信息，为我所用；

最后，学生应认真观看教师示范或视频媒体，大胆提问，认真、科学地制订实施计划，有组织地开展实训工作。

（一）最初250小时保养（仅在第一个250工作小时到来时）

表2－2－1 PC200－8挖掘机最初250小时保养项目

序　号	项　目	备　注
1	更换附加柴油滤芯	必须进行

1. 更换附加柴油滤芯（参看图2－2－1、图2－2－2和图2－2－3）。

（1）将柴油箱底部的阀①转到关闭位置（S）。

（2）打开机器右侧的盖板。

（3）用一容器放在附加柴油滤芯下，以接住柴油。

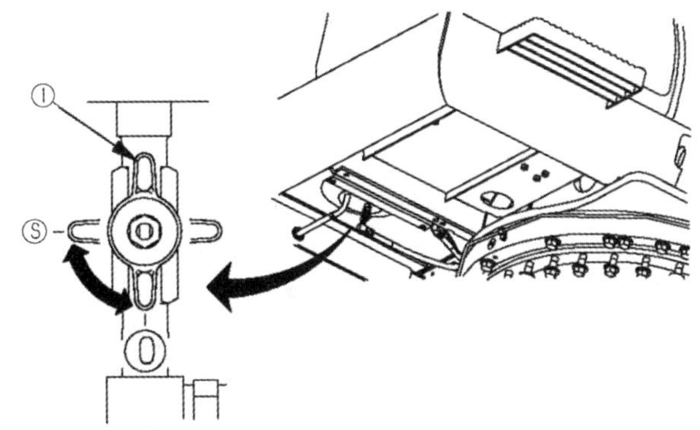

图2－2－1

（4）拧松排放阀②，排出透明盖③里所有的水和沉积物，并排出积聚在滤芯④中的柴油。

（5）拔下插接器⑤。

（6）用滤清器扳手将透明盖③和滤芯④拆下。

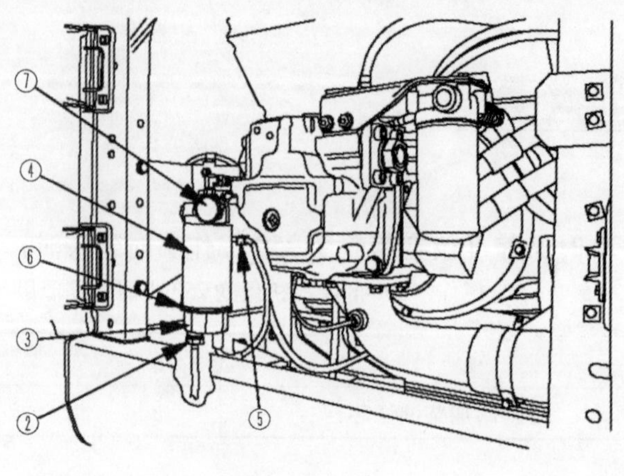

图 2－2－2

（7）将透明盖③拧装到新滤芯的底部（注意：须更换“O”形圈⑥）。

（8）安装透明盖时，要在密封面上抹油，当拧到两密封面接触后，再继续拧紧 1/4 ~ 1/2 圈，过松或过紧都会导致工作时漏油。

（9）清洁滤清器座，往新滤芯内加入清洁的柴油后，在密封面涂抹一层干净机油，然后将其拧装到滤清器座上。

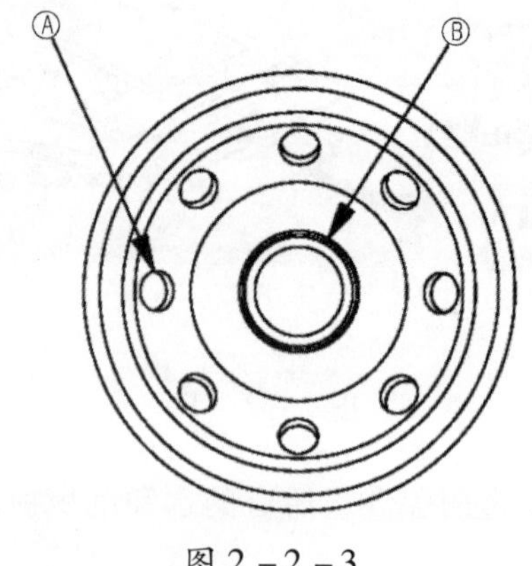

图 2－2－3

注：往新滤芯内加注柴油时，不要拆下保护盖Ⓑ。从滤芯周围的一圈小孔Ⓐ添加柴油后，方可拆下保护盖Ⓑ。

（10）拧装新滤芯时，当拧到两密封面接触后，再继续拧紧 3/4 圈，过松或过紧都会导致工作时漏油。

（11）检查排放阀②是否拧紧。

（12）安装插接器⑤。

（13）将柴油箱底部的阀①转到开启位置（O）。

（14）完成滤芯的更换操作后，应排除油路空气。

（15）最后，起动发动机，并以低怠速运转 10 分钟。此过程中检查滤清器密封面和透明盖安装处是否漏油。如有漏油，应检查滤芯的拧紧程度。

（二）最初500小时保养（仅在第一个500工作小时到来时）

表2-2-2　PC200-8挖掘机最初500小时保养项目

序　号	项　目	备　注
1	更换柴油主滤芯	必须进行
2	检查、清洁或更换空气滤清器滤芯	必要时进行
3	清洗冷却系统	
4	检查、拧紧履带板螺栓	
5	检查、调整履带张紧度	
6	更换斗齿	
7	调节铲斗间隙	
8	检查风窗清洗液液位，添加	
9	检查、保养空调系统	
10	清洗驾驶室地板	
11	检查气弹簧	
12	排放液压系统中的空气	

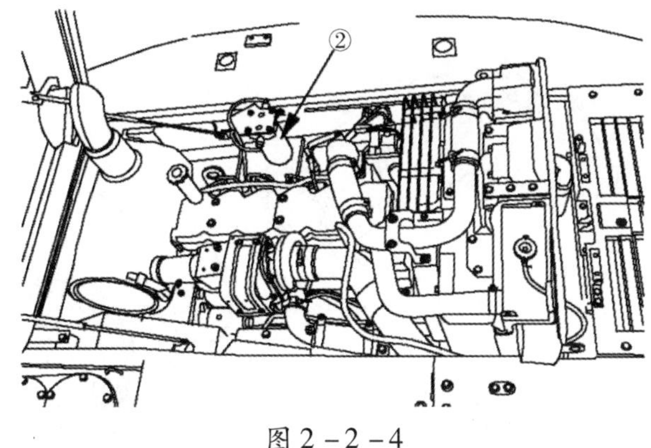

图2-2-4

1. 更换柴油主滤芯（参看图2-2-1、图2-2-4和图2-2-5）。

（1）将柴油箱底部的阀①转到关闭位置（S）；

（2）打开引擎盖；

（3）将一接燃油的容器置于主滤芯下方；

（4）用滤清器扳手将滤筒②拆下；

（5）清洁滤芯座，更换内部密封圈③，在新滤筒的密封表面涂一层油，然后把新滤筒拧装到滤芯座上，当其密封表面与滤芯座上的密封表面接触后，再拧紧3/4圈；

（6）把柴油箱底部的阀①转到打开位置（O）；

（7）装上新的主滤芯后，应排除燃油系统空气；

（8）最后，起动发动机，并以低怠速运转10分钟。此过程中检查滤清器密封面和透明盖安装处是否漏油。如有漏油，应检查滤芯的拧紧程度。

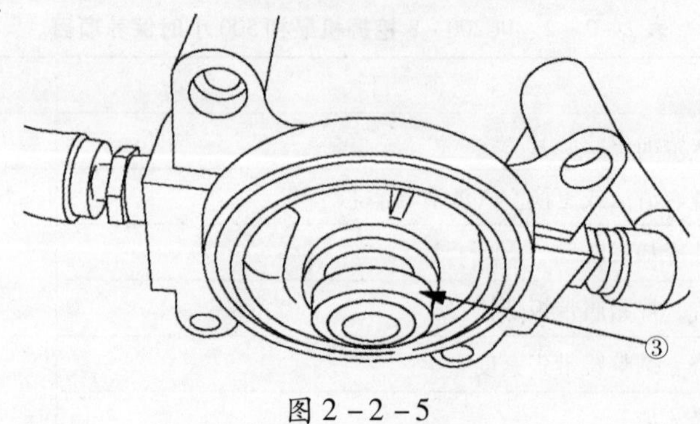

图2－2－5

2. 检查、清洁或更换空气滤清器滤芯（参看图2－2－6、图2－2－7）。

当监控器面板上的空气滤清器堵塞监控灯闪烁时，表示需要清洁空气滤清器滤芯。但只有当其闪烁时，才能清洁空气滤清器滤芯，否则频繁地清洁将导致空气滤清器滤清效率下降，还将使更多的粘在滤芯上的尘土落入内部。另外，必须在发动机熄火后才能进行空滤的检查、清洁或更换操作，否则将会导致尘土进入气缸。

如果空气滤芯的使用超过一年，或监控器面板上的空气滤清器堵塞监控灯在清洁滤芯后亮起，则需要更换外滤芯⑤、内滤芯⑥和“O”形圈⑧。若橡胶损坏或明显变形，则要更换排尘阀④。

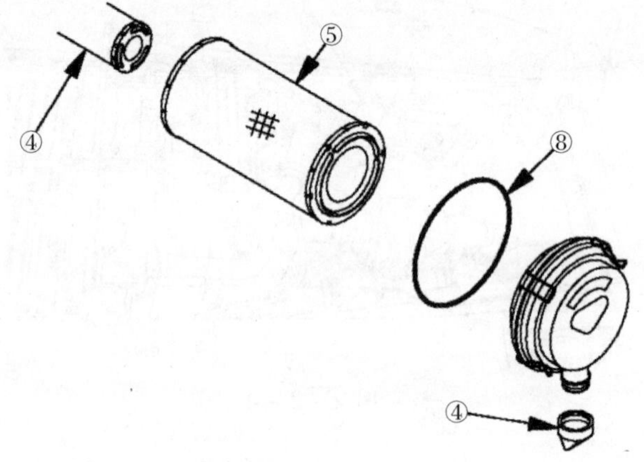

图2－2－6

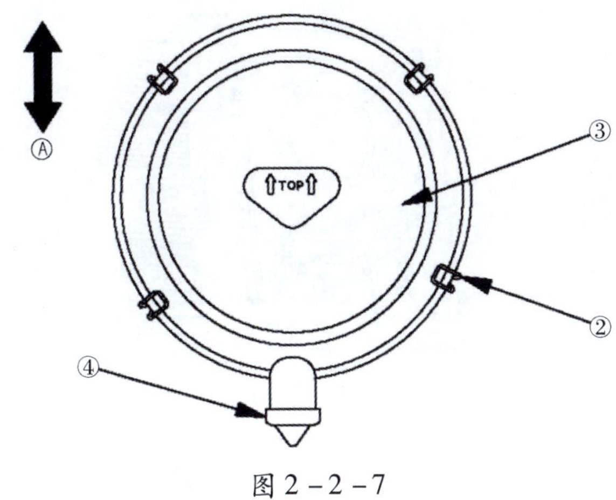

图 2－2－7

下面以外滤芯的清洁步骤为例介绍清洁和更换空气滤清器滤芯的相关注意事项。

（1）不得暴晒或雨淋空气滤芯；

（2）打开机器的左后门，松开 4 个卡扣②，取下端盖③；

（3）握住外滤芯，轻轻地上下左右摇晃、转动以将其拔出；

（4）取下外滤芯后，检查内滤芯是否有移位或倾斜，若有，则将其推正，并用一块干净的布盖住内滤芯，以防尘土进入；

（5）清除端盖、排尘阀和空气滤清器壳体内部等处的灰尘；

（6）用干燥的压缩空气（压力小于 0.7MPa）从滤芯内侧沿着褶皱朝外吹，然后从外侧沿着褶皱向内吹，最后再从内向外吹；

（7）轻轻装入清洁后的外滤芯和端盖，注意使端盖上的排尘阀朝下；

（8）扣上所有卡扣后，检查空气滤清器壳体与端盖之间的间隙，若有明显间隙，应重新安装。

3. 清洗冷却系统（参看图 2－2－8）。

防冻液属易燃物，应使其远离明火。且防冻液有毒，应避免接触到皮肤。若不慎入眼，须用大量的清水冲洗眼睛并立即就医。

（1）将机器停放在平坦的地面上，将发动机熄火；

（2）拧紧防腐蚀器（若装有）的阀①；

（3）当冷却液温度降到足够低后，缓慢拧转散热器盖释放压力，将其拆下；

（4）在散热器底部的排放阀下方放置一盛液容器，然后打开排放阀；

（5）放完冷却液后，关闭排放阀，并向冷却系统加满自来水；

（6）起动发动机，以低怠速运行，水温升高到 90℃后，继续运行约 10 分钟，然后熄火；

（7）打开散热器排放阀，将水排净；

（8）用规定的洗涤剂清洗散热器内部后，关闭排放阀；

（9）更换防腐蚀器（若装有），并打开阀①；

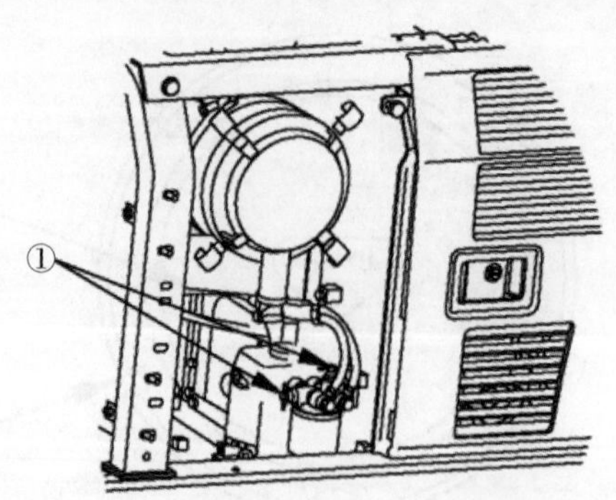

图 2－2－8

（10）向冷却系统加满根据环境温度配制好的冷却液；

（11）拆下散热器盖，起动发动机，低怠速运行 5 分钟以排出冷却系统中的空气，然后，以高怠速运行 5 分钟；

（12）排净副水箱中的冷却液后，清洗副水箱内部；

（13）向副水箱中加注冷却液，直到液位处于高低标记之间为止；

（14）将发动机熄火，等待约 3 分钟后，补充冷却液，直到液面接近加注口的嘴部为止，最后拧紧散热器盖。

4. 检查、拧紧履带板螺栓。

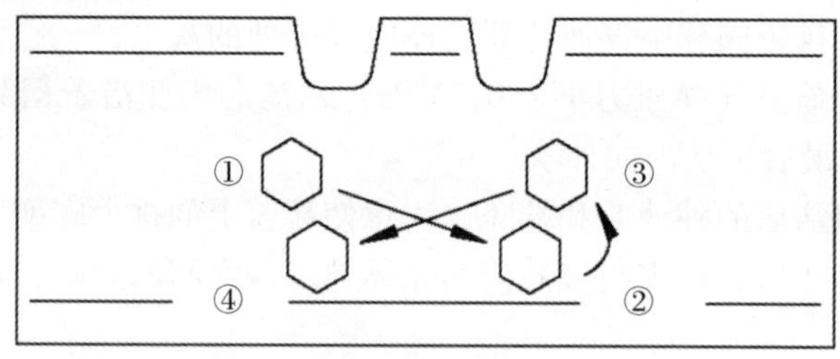

图 2－2－9

对于三筋履带板、湿地履带板、平履带板、橡胶垫履带板：

（1）将履带板螺栓按图 2－2－9 所示顺序拧紧到（490 ± 49）N · m 的拧紧力矩；

（2）检查螺母和履带板是否与链节接触面紧密接触；

（3）检查无误后，再按图 2－2－9 所示顺序拧转每颗螺栓 120° ± 10°。

5. 检查、调整履带张紧度。

挖掘机行走装置销轴和衬套的磨损率会随工作条件和土地类型而变化，因此需要不定期地检查履带张紧度以保持良好技术状况。

进行履带板张紧度的检查和调整时，应将机器停放在平整坚实的地面上。

（1）检查。

①低怠速运转发动机，将机器向前开动一段与地面上的履带板长度相等的距离，然后慢慢停住机器；

②在履带引导轮①到上部托链轮②之间放置一根直木棍③（参看图 2－2－10）；

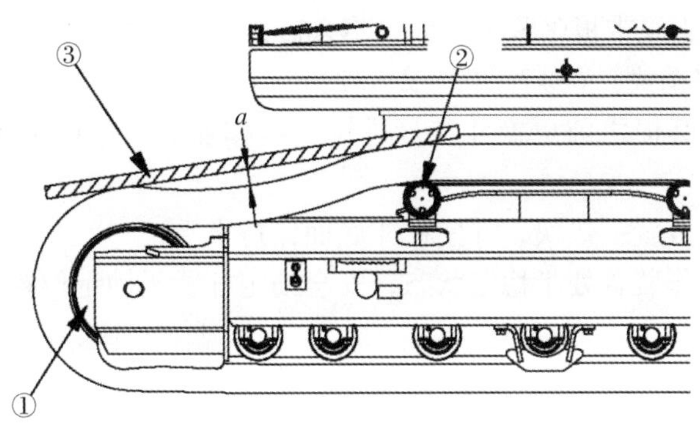

图 2－2－10

③测量木棍底部与履带板上部表面之间的最大距离 a，标准值为 10～30mm，否则应予以调整。

（2）调整（参看图 2－2－11）。

注意：禁止拧松螺塞①超过 1 圈，否则它有可能在内部润滑脂的高压下飞出，发生伤亡事故。操作时，切勿正对螺塞①，除螺塞①外，不得拧动其他部位。

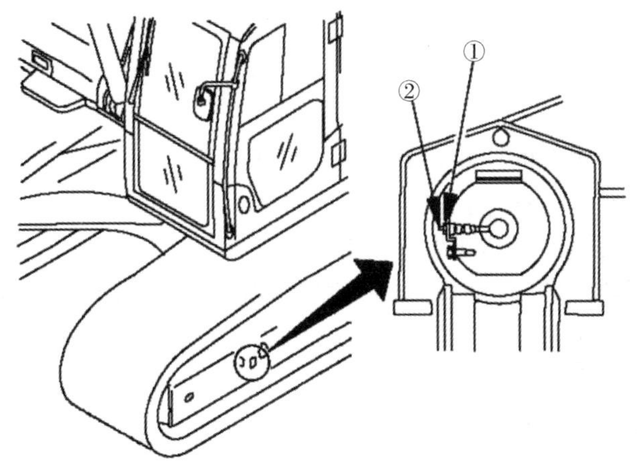

图 2－2－11

调紧时：

①用黄油枪向黄油嘴②泵入润滑脂；

②低怠速运转发动机，将机器缓缓向前开动一段与地面上的履带板长度相等的距离，然后慢慢停住机器；

③按前述方法检查履带板张紧度，如仍不合适，继续调整。

调松时：

①缓慢拧松螺塞①，释放部分润滑脂；

②如果无润滑脂溢出，则短距离前、后开动机器；

③拧紧螺塞①；

④低怠速运转发动机，将机器缓缓向前开动一段与地面上的履带板长度相等的距离，然后慢慢停住机器；

⑤按前述方法检查履带板张紧度，如仍不合适，继续调整。

6. 更换斗齿（竖销式）（参看图 2－2－12）。

应在斗齿座开始磨损之前更换斗齿。进行更换作业时，应戴上护目镜、手套等防护器具。

（1）在铲斗底部放置一垫块，并使铲斗底面保持水平；

（2）检查确保工作装置处于稳定状态，安全锁定杆置于锁定位置（L）；

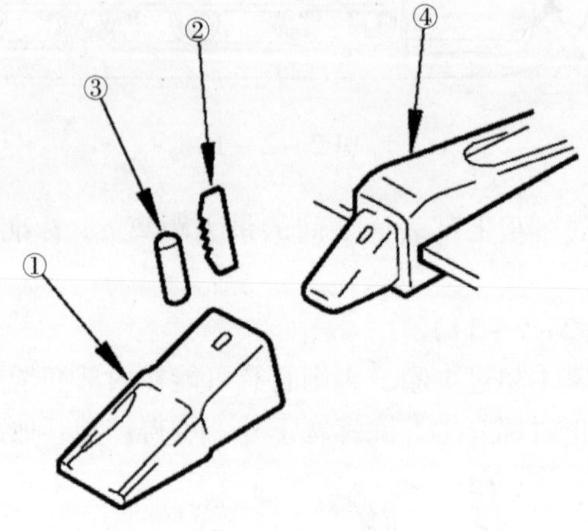

图 2－2－12

（3）将冲子置于锁销②的背面，借助锤子将其敲出；

（4）取下并检查锁销②和橡胶锁销③；

（5）用小刀清除泥土，清洁斗齿座④表面；

（6）用手或锤子将橡胶锁销推入斗齿座的孔，注意防止橡胶锁销从斗齿座表面飞出；

（7）清洁新斗齿①内部，然后将它装到斗齿座④上；

（8）将新斗齿固定到斗齿座上后，用力压尖头，当斗齿销孔的后表面与斗齿座的销孔后表面处在相同的位置时，敲入锁销；

（9）将锁销敲入后，锁销的上部表面与斗齿的表面高度应相同；

（10）更换斗齿后，应进行下列检查（参看图 2－2－13）：

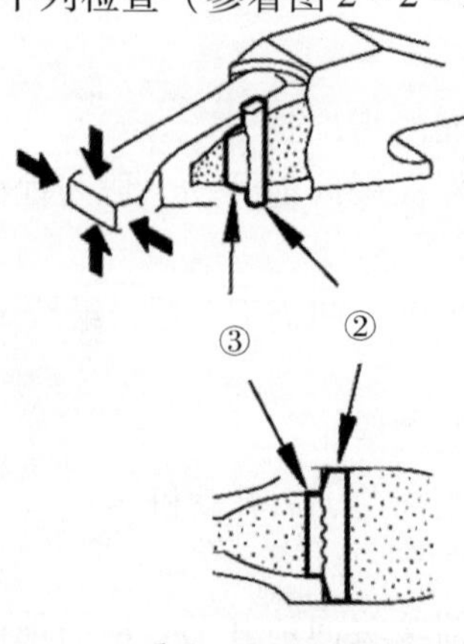

图 2－2－13

①锁销完全敲入后，检查它是否被斗齿和表面固定住；

②从被敲入的相反方向轻轻敲击斗齿的顶部；

③从上部和底部轻轻敲击斗齿的顶部，并从左侧和右侧敲击它的两侧；

④确认锁销②和橡胶锁销③被固定。

7. 调节铲斗间隙。

(1) 将挖掘机工作装置调成图 2－2－14 中上图所示姿态，关闭发动机并将锁定杆置于锁定位置；

(2) 将铲斗移向一侧，移动"O"形圈①，用塞尺在另一侧测量游隙量 a；

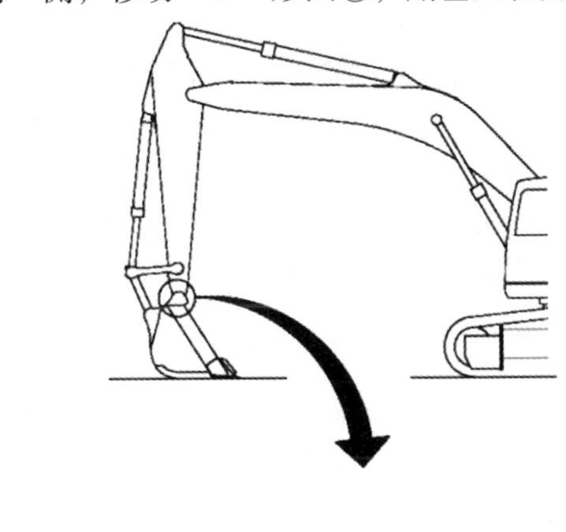

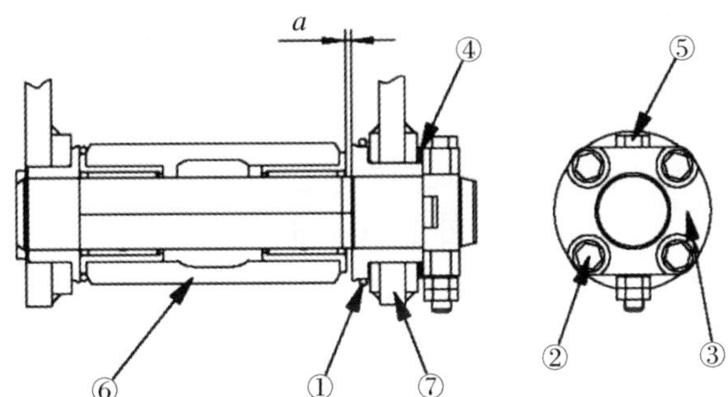

图 2－2－14（图中⑥为斗杆，⑦为铲斗）

(3) 拧松 4 颗板安装螺栓②，并松开板③（垫片为开口式，因此可以在不拆下螺栓的情况下进行调整）；

(4) 拆下与上述所测游隙 a 相当的垫片；

例如：如果游隙 a 为 3mm，则拆下两个 1.0mm 的垫片和一个 0.5mm 的垫片，使游隙变为 0.5mm。垫片④有 1.0mm 和 0.5mm 两种尺寸。当游隙 a 小于一个垫片时，无须进行调整。

(5) 拔出销止动螺栓⑤，拧紧 4 颗螺栓②。

8. 检查风窗洗涤液液位，添加。

如果洗涤液内有空气，则需检查洗窗器储液罐内的液位。不足时，应添加汽车洗涤液。

应根据地区环境温度，按下表配制洗涤溶液进行添加。

表 2-2-3

地区、季节	比例（洗涤液: 水）	结冻温度
一般地区	1:2	-10°C
寒冷地区的冬季	1:1	-20°C
极冷地区的冬季	1:0	-30°C

9. 检查、保养空调系统。

（1）检查制冷剂液位。

在制冷剂不足的情况下运行空调系统，制冷效果会比较差，并且会损坏压缩机。检查时，使发动机以全速运转并且压缩机以高速运转，在制冷剂软管接口的检查窗①处观察制冷剂在空调管路内的流动情况，如图 2-2-15 所示。

Ⓐ有液体流动且无气泡，表明制冷剂合适。

Ⓑ有液体流动且有连续气泡，表明制冷剂不足。

Ⓒ无液体流动，表明无制冷剂。

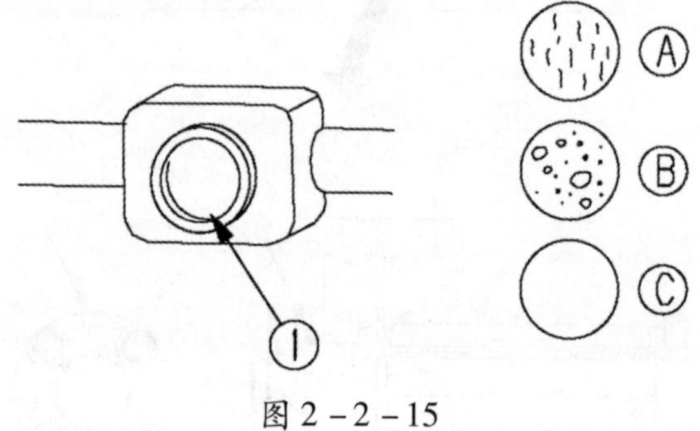

图 2-2-15

（2）空调系统闲置季节的保养。

在空调闲置季节，应每月打开空调系统 3~5 分钟，以使空调系统所有部件保持一层油膜。

（3）空调系统检查和保养项目，如表 2-2-4 所示。

表 2-2-4

检查、保养项目	检查、保养内容	保养间隔指南
制冷剂	含量	一年两次（春季、秋季）
空调冷凝器	散热片堵塞情况	每 500 小时
压缩机	工作情况	每 4000 小时
“V”形皮带	损坏、张力情况	每 250 小时
鼓风机马达、风扇	工作情况（异响）	需要时
控制机构	工作情况（功能）	需要时
管路安装	是否松动、泄漏、损坏	需要时

10. 清洗驾驶室地板（参看图 2－2－16、图 2－2－17）。

对于带可冲洗地板的挖掘机，可以直接用水冲去驾驶室地板上的污物。

冲洗方法：

（1）倾斜地放置机器；

（2）慢慢地回转上部回转平台，使驾驶室内的排水孔③处于低处；

（3）把工作装置降至地面，确保机器处于稳定状态；

（4）将锁定杆置于锁定位置，关闭发动机；

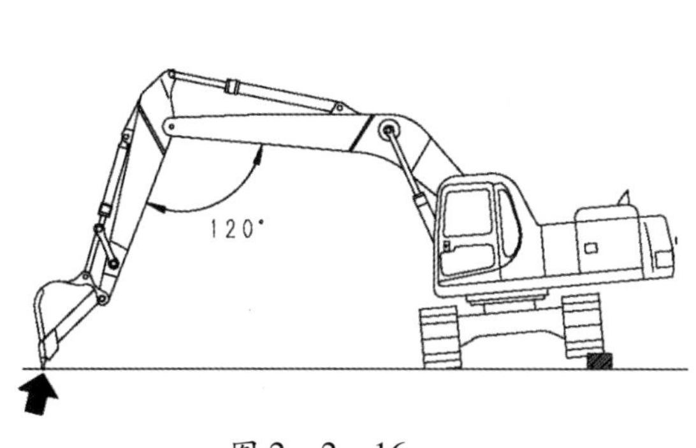

图 2－2－16

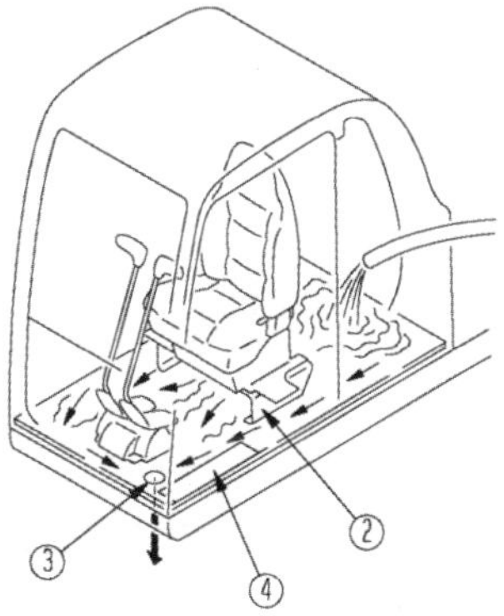

图 2－2－17

（5）拆下地板垫固定板④；

（6）拉出地板垫固定夹的钮，拆下固定夹；

（7）拆下地板垫；

（8）拆下排水孔的盖；

（9）直接用水冲去地板上的污物，通过排水孔排出；

（10）冲洗完毕后，装回排水孔的盖；

（11）装回地板垫，然后用地板垫固定板将垫固定；

（12）用地板垫固定夹将地板垫固定在适当的位置上。

11. 检查气弹簧。

气弹簧位于发动机罩（左右两处）和驾驶室顶部（左右两处）。

气弹簧充有高压氮气，错误的操作会造成爆炸，导致严重的伤害或损坏。处理气弹簧时，应注意下列事项：

（1）不得拆解气弹簧；

（2）不得将气弹簧靠近明火或丢入火中；

（3）不得给气弹簧打孔或进行焊接；

（4）不得碰撞、滚动气弹簧或使它受到任何冲击；

（5）处理气弹簧时，必须把气体放掉。

12. 从液压系统排气。

（1）从泵内排气（参看图 2－2－18）。

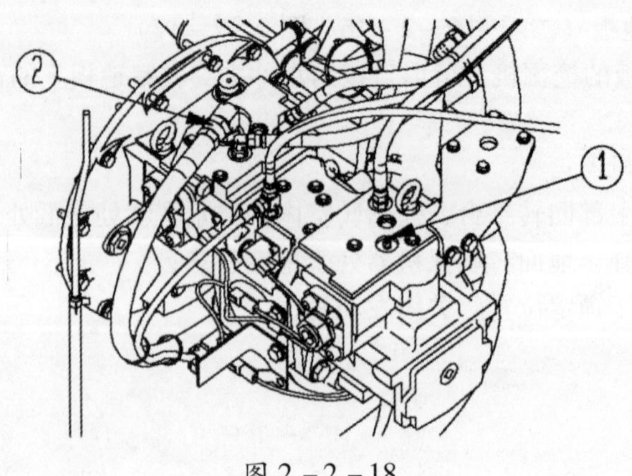

图 2－2－18

①松开排气阀①，观察油是否从排气阀流出；

②若没有油流出，则从液压泵壳体上拆下排放软管并将其固定住，使管口高于液压油箱内的油位，并通过排放口②给泵壳内注入液压油；

③排气完毕后，先拧紧排气阀，后装上排放软管。

（2）起动发动机。

发动机起动后，以低怠速运转 10 分钟，然后进行下一步操作。

（3）从油缸排气。

①以低怠速运转发动机，伸出和缩回各油缸 4～5 次，注意此时油缸不要运动到行程末端，而应在末端前约 100mm 处停住；

②然后操作各油缸至行程末端 3～4 次；

③最后操作各油缸至行程末端 4～5 次，以彻底排除空气。

（4）从回转马达中排气（参看图 2－2－19）。

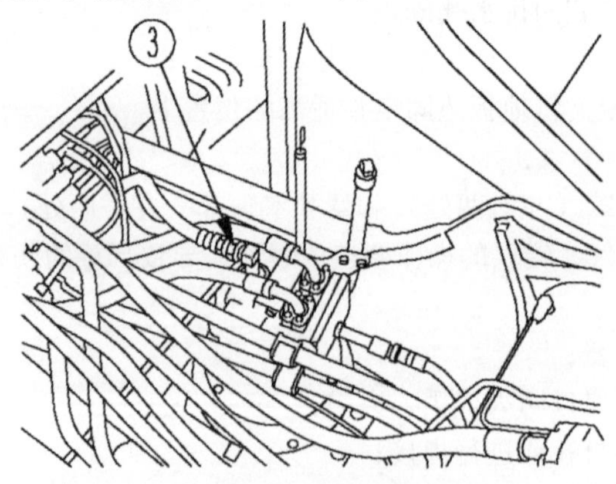

图 2－2－19

①以低怠速运转发动机，松开软管③并观察是否有油从该软管流出；

②如果没有油流出，关闭发动机，拆下软管③，往马达壳内加注液压油；

③从回转马达的排气完成后，拧紧软管③；

④以低怠速运转发动机并缓慢均匀地左右回转至少两次，以将回转油路中的空气

排除。

（5）从行走马达中排气（只在行走马达壳体内的油已经放完时进行）（参看图 2－2－20）。

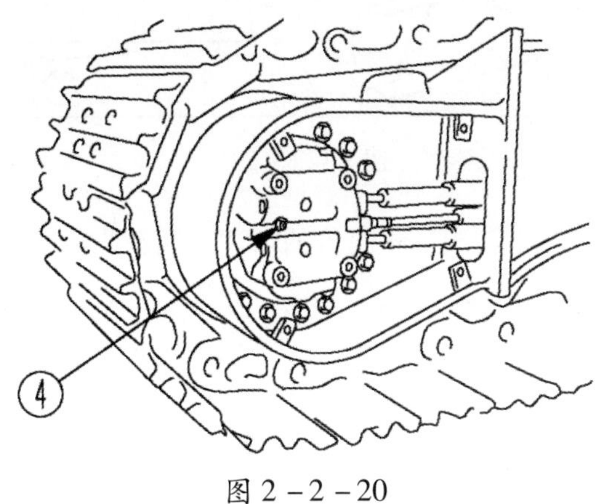

图 2－2－20

①以低怠速运转发动机，松开排气阀④直至油流出时拧紧；

②以低怠速运转发动机，回转上车体 90°使它转到履带一侧；

③操纵工作装置顶起机器，直至该侧履带稍稍升离地面，无负荷均等地向前、向后转动该侧履带 2 分钟，然后在另一侧重复此操作。

（6）从附件（若装有）中排气。

如果机器安装了破碎锤或其他附件，则以低怠速运转发动机并反复（约 10 次）操作附件踏板，直到排除附件油路中的空气。如果附件生产厂家已经规定了从附件排气的方法，则按附件厂家规定的步骤排气。

完成液压系统排气操作后，关闭发动机，并在开始操作前放置机器 5 分钟，以消除液压油缸内液压油中的气泡，以及检查有无漏油、擦去溢出的油。最后，检查油位，不足则添加。

（三）每 100 小时保养

表 2－2－5　PC200－8 挖掘机每 100 小时保养项目

序　号	项　目
1	润滑

1. 润滑。

（1）注意事项。

①如果未到保养时间，但是需加脂润滑部位发生异响，也应进行加脂润滑；

②新机器的最初 50 工作小时内，每隔 10 小时应进行加脂润滑；

③机器在水中作业后，应给湿的销轴加注润滑脂。

（2）方法步骤。

①将机器置于图 2－2－21 所示加脂姿态，工作装置降到地面，关闭发动机。

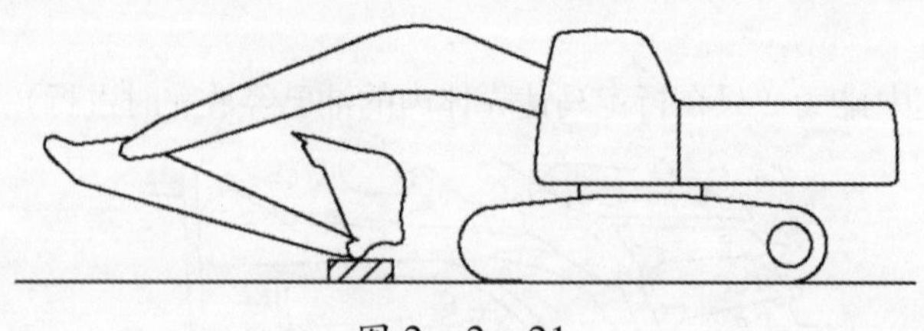

图 2－2－21

②用黄油枪向图 2－2－22 箭头所示的黄油嘴注入润滑脂。

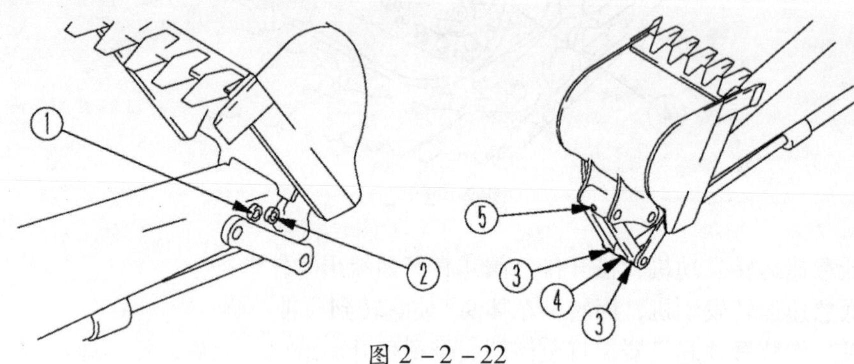

图 2－2－22

①—斗杆—连杆连接销；②—斗杆—铲斗连接销；③—连杆连接销；④—铲斗油缸活塞杆销；⑤—铲斗—连杆连接销

③加脂润滑后，擦去被挤出的旧润滑脂。

（四）每 250 小时保养

表 2－2－6　PC200－8 挖掘机每 250 小时保养项目

序　号	项　目
1	检查蓄电池电解液液位
2	检查、调整空调压缩机皮带张紧度

1. 检查蓄电池电解液液位。

（1）注意事项。

①至少应每月检查一次蓄电池电解液液位，液位过低时不应使用蓄电池，否则会加速蓄电池内部的变质并缩短蓄电池的使用寿命，严重的可能会引起爆炸。

②蓄电池会产生易燃易爆气体，应注意避免明火或火花靠近蓄电池。

③蓄电池电解液具有强腐蚀性，如不慎弄到眼睛或皮肤上，要立即用大量清水冲洗并马上就医。

④为蓄电池添加蒸馏水时，切勿过量，否则若泄漏，将造成漆面损坏或其他零件腐蚀。

⑤冷天添加蒸馏水时，应在早上开始操作前添加，以防电解液结冻。

（2）可从蓄电池侧面检查电解液液位时。

①用湿布（勿用干布）擦净电解液液位线周围区域，观察电解液液位应处于上部液位（UL）和下部液位（LL）线之间。

②如果电解液液位低于上下液位线之间的中位，应拧下盖添加蒸馏水，直至上部液位线。

③添加蒸馏水后，将盖拧紧。

（3）无法从蓄电池侧面检查电解液液位时（参看图2－2－23）。

①取下蓄电池顶部的盖，通过注水口③观察，检查电解液液位。如果电解液未达套筒④，则添加蒸馏水，使液位达到套筒（上部液位线）的底部。

注：Ⓐ—液位合适：电解液达到套筒底部，表面张力造成电解液表面膨胀和电极弯曲。

Ⓑ—液位不足：电解液未达套筒底部，电极呈直线。

②添加蒸馏水后，将盖拧紧。

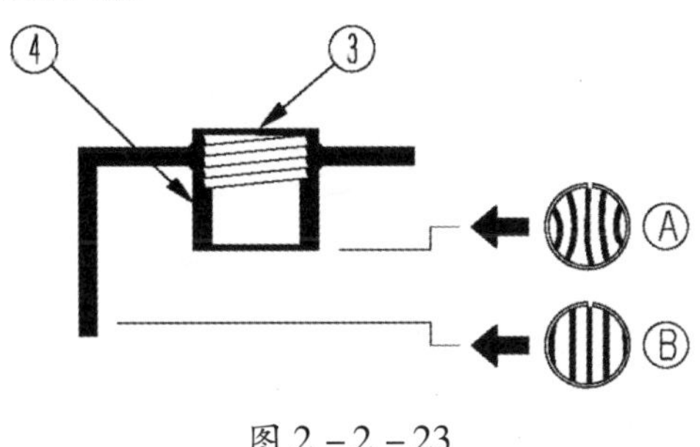

图2－2－23

2. 检查、调整空调压缩机皮带张紧度。

（1）检查（参看图2－2－24）。

在驱动皮带轮①和压缩机皮带轮②之间的中间位置，用一个手指以大约60N的力按压皮带，皮带的挠度 A 应为6.3～8.7mm。否则，按下述方法调整。

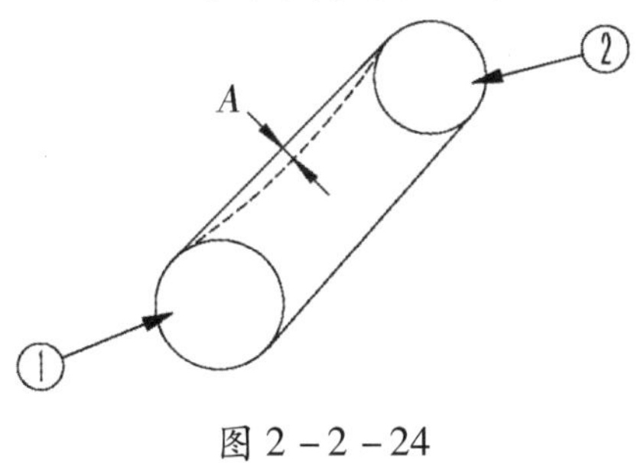

图2－2－24

（2）调整。

①拧松两颗固定、调整螺栓；

②扳动压缩机进行调整；

③压缩机调整到位后，拧紧两颗螺栓将压缩机固定。

（五）每500小时保养

在完成每100小时和250小时保养项目的同时，还须完成表2－2－7中的项目。

表2－2－7　PC200－8挖掘机每500小时保养项目

序　号	项　目
1	润滑
2	润滑回转油路
3	更换发动机机油和机油滤芯
4	检查回转小齿轮润滑水平，加润滑脂
5	清洗和检查散热器片、油冷却器片、中冷器片、燃油冷却器片和空调冷凝器片
6	清洁空调的换气/循环过滤器
7	更换液压油箱内通气装置滤芯
8	检查回转机构箱内的油位，添加
9	检查终传动箱内的油位，添加
10	更换附加柴油滤芯

1. 润滑。

注意：

（1）如果未到保养时间，但是需加脂润滑部位发生异响，也应进行加脂润滑。

（2）新机器的最初50工作小时内，每隔10小时应进行加脂润滑；在新机器运行的250小时和500小时，也要进行润滑。

（3）机器在水中作业后，应给湿的销轴加注润滑脂。

（4）进行重载操作（如液压破碎器操作）时，应每100小时进行一次润滑。

步骤：

（1）将机器置于图2－2－21所示加脂姿态，然后关闭发动机；

（2）用黄油枪向图2－2－25箭头所示的黄油嘴注入润滑脂；

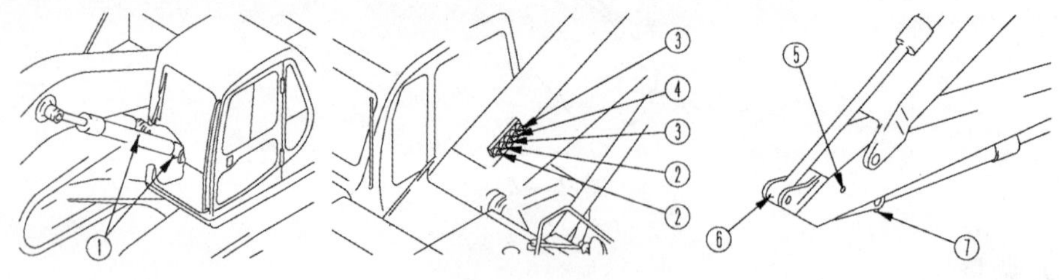

图2－2－25

①—动臂油缸根部销轴；②—动臂根部销轴；③—动臂油缸活塞杆末端销轴；④—斗杆油缸根部销轴；⑤—动臂—斗杆联轴器销轴；⑥—斗杆油缸活塞杆末端；⑦—铲斗油缸根部销轴

（3）润滑后，擦去被挤出的旧润滑脂。

2. 润滑回转油路。

（1）将铲斗降至地面；

（2）用黄油枪向图 2－2－26 所示箭头位置黄油嘴注入润滑脂；

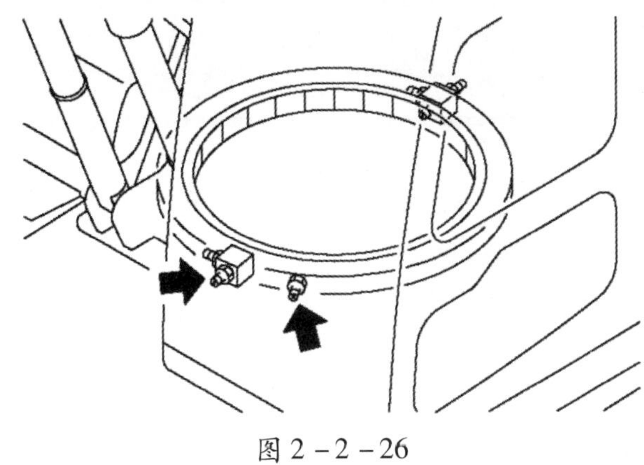

图 2－2－26

（3）润滑后，擦去被挤出的旧润滑脂。

3. 更换发动机机油和机油滤芯。

（1）拆下位于机器底部、发动机下方的盖板，在此位置放一容器用以盛接放出的机油；

（2）为防油溅在身上，应缓慢打开油底壳放油阀放出机油，放完后关闭放油阀；

（3）打开机器右后方的盖板，用滤清器扳手将机油滤芯拆下；

（4）清洁滤芯座，向新的滤芯内加注干净的机油，并在滤芯密封面以及螺纹部位涂上机油，然后将滤芯拧装到滤芯座上；

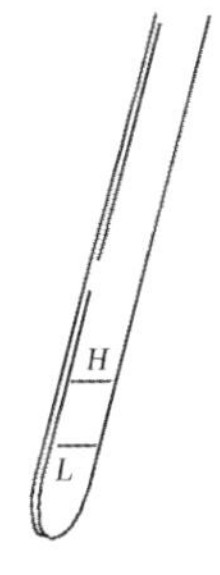

图 2－2－27

（5）当滤芯密封面与滤芯座密封面接触时，进一步拧紧 3/4～1 圈即可；

（6）滤芯更换后，打开发动机罩，通过机油加注口添加机油，直至油位达机油标尺的 *H* 与 *L* 标记之间（参看图 2－2－27）；

（7）起动发动机，进行短时间怠速运转后熄火，再次检查机油油位，确保其处于机油标尺的 *H* 与 *L* 标记之间；

（8）安装机器底部盖板。

4. 检查回转小齿轮润滑水平，加润滑脂（参看图 2－2－28）。

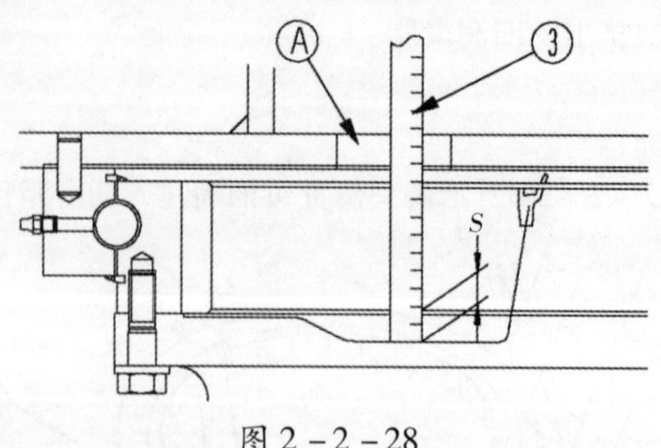

图 2－2－28

（1）拆下回转机架顶部的螺栓和盖板；

（2）将量尺③通过检查和调整孔 A 插入润滑脂中，量得的润滑脂深度 S 至少应为 9mm，否则应添加；

（3）检查润滑脂颜色，如果呈奶白色，则应更换润滑脂；

（4）将螺栓和盖板装复。

5. 清洗和检查散热器片、油冷却器片、中冷器片、燃油冷却器片和空调冷凝器片（参看图 2－2－29）。

注意：使用压缩空气清洁散热片时，应保持一定距离，以免损坏散热片。若散热片损坏将造成漏水、过热等故障。在多尘的作业场地，无论是否到保养周期，都应每天检查散热器片。

（1）打开发动机罩；

（2）松开螺钉③，取出网②；

（3）清洗网②；

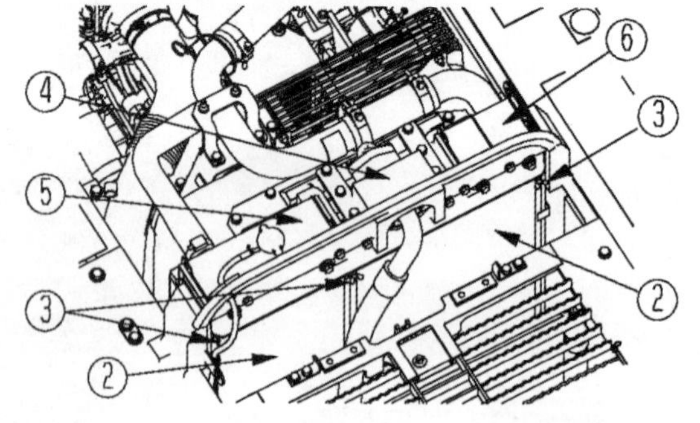

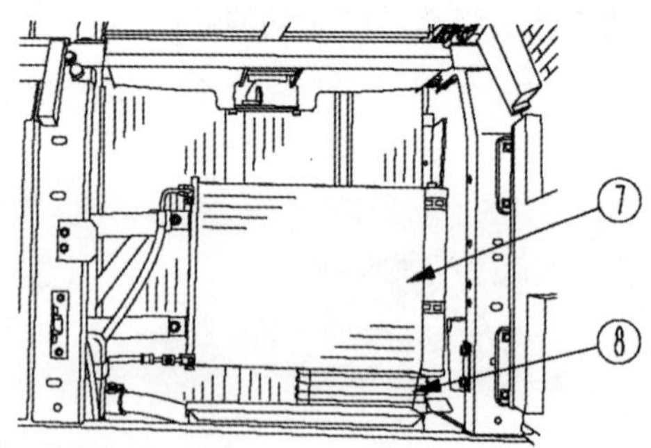

图 2－2－29

（4）检查前、后机油冷却器片④、散热器片⑤、中冷器片⑥、空调冷凝器片⑦以及燃油冷却器片⑧，如有泥土或树叶等异物黏附其上，应使用压缩空气、蒸汽或水吹除；

（5）检查橡胶软管，应无裂纹或老化变硬等情况，否则应予更换；

（6）拆下机器底部盖板，清扫泥土、树叶等；

（7）将清洗过的网②装回原位并用螺钉将其固定。

6. 清洁空调的换气/循环过滤器。

一般情况，过滤器应每 500 小时清洁一次，但在多尘的工作场地使用机器时，应更频繁地清洁过滤器。每年应换装新过滤器。

清洁空调网状空气过滤器：

（1）从驾驶室内左后方底部的检查窗拆下翼形螺栓，然后取出循环空气滤清器；

（2）用压缩空气清洁过滤器，如果其上有油或太脏，可用中性介质（如水）冲洗，冲洗以后，应将其彻底干燥；

（3）安装：循环过滤器必须注意安装方向，即突出部分朝向机器前方。

清洁换气空气滤清器（参看图2－2－30）：

（1）用起动开关的钥匙打开驾驶室左后部的盖板②，拆下内部的过滤器③；

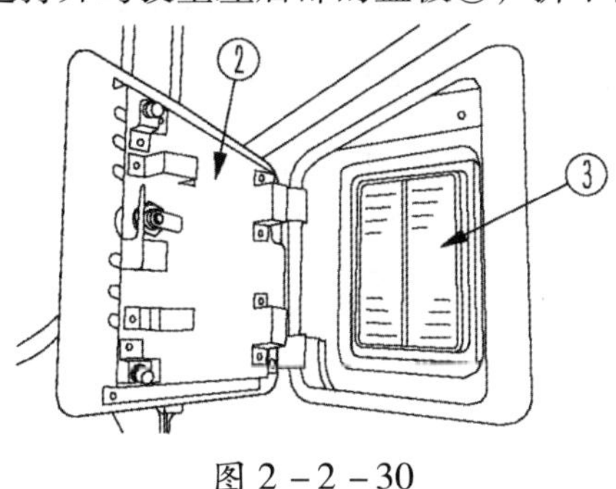

图2－2－30

（2）用压缩空气清洁过滤器，如果其上有油或太脏，可用中性介质（如水）冲洗，冲洗以后，应将其彻底干燥；

（3）清洁后，将过滤器装回原位，并锁上盖板。

7. 更换液压油箱内通气装置滤芯（参看图2－2－31）。

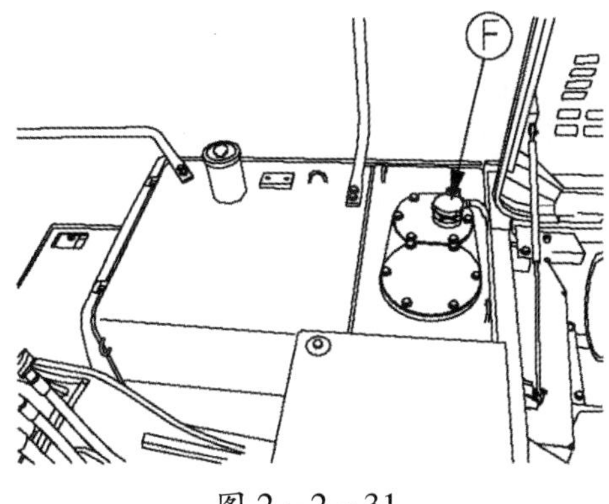

图2－2－31

（1）拆下液压油箱顶部注油口F的盖；

（2）更换盖内的滤芯。

8. 检查回转机构箱内的油位，添加（参看图2－2－32）。

（1）拔出油尺G，并用布擦去其上的油；

（2）将油尺完全插回过滤器管；

（3）再次拔出油尺，检查油位是否处在油尺上的H与L标记之间；

（4）如果油位低于油尺上的L标记，则拆下注油口盖F进行加注；

（5）如果油位高于油尺上的H标记，则拧松下方的排放阀，放出多余的油；

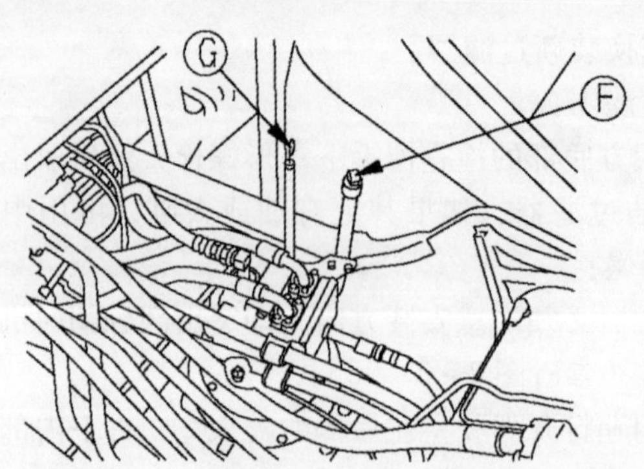

图 2－2－32

（6）检查完油位或加油后，应将油尺插回到孔中，并装上注油口盖。

9. 检查终传动箱内的油位，添加（参看图 2－2－33）。

终传动外侧有两个螺塞 F，通过看不到内部齿轮的那个螺塞孔加油比较容易。

（1）停机时使 TOP 标记位于上端（12 点方向），UP 标记和螺塞 P（6 点方向）与地面垂直；

（2）检查油位：用扳手慢慢拆下螺塞 F，检视，若油面位于螺塞孔内侧下方 10mm 时，油量合适；

（3）如发现油位太低，可装上螺塞 F，操作机器向前或向后行走，以使链轮转动一圈，然后重复步骤 1 和 2 进行检查；

（4）如果确定油位太低，则通过螺塞 F 的孔加油直至从孔内溢出为止；

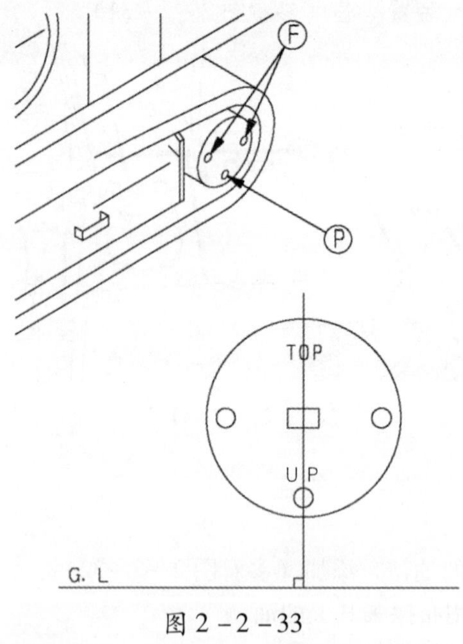

图 2－2－33

（5）检查或加油后，装回螺塞 F，拧紧力矩为：（68. 6 ±9. 8）N · m。

（六）每 1000 小时保养

在完成每 100、250 和 500 小时保养项目的同时，还须完成表 2－2－8 中的项目。

表 2－2－8　PC200－8 挖掘机每 1000 小时保养项目

序　号	项　目
1	更换液压油滤芯
2	更换回转机构箱内的油
3	检查减振器箱内的油位，添加
4	更换防腐蚀滤筒（若装有）
5	更换主燃油滤芯
6	检查发动机排气管夹的所有紧固部位
7	检查风扇皮带张紧度，更换风扇皮带
8	检查蓄能器内氮气充气压力（用于破碎器）

1. 更换液压油滤芯（参看图 2－2－34）。

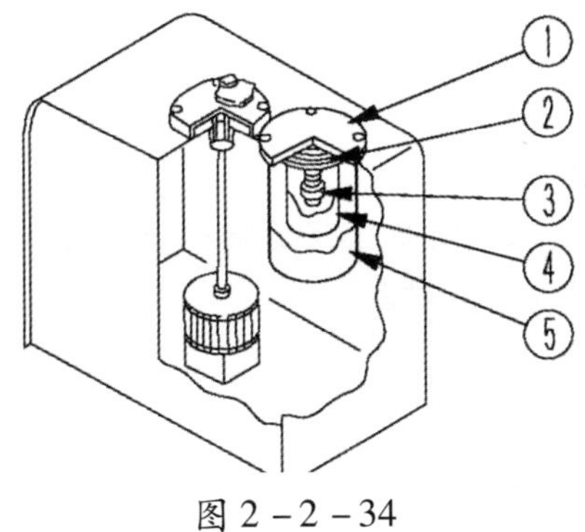

图 2－2－34

（1）将机器按保养姿态停放在坚硬平整的地面上，发动机熄火；
（2）慢慢拆下注油口盖，释放内部压力；
（3）慢慢拧松 6 颗固定螺栓，取下盖①；
（4）拆下弹簧②、阀③和粗滤器④后，取下滤芯⑤；
（5）用清洗油清洗拆下的零件；
（6）在安装旧滤芯的位置安装新滤芯；
（7）将阀、粗滤器和弹簧装到滤芯的上端；
（8）用力向下按盖①，用固定螺栓将其装复固定；
（9）安装注油口盖；
（10）起动发动机以低怠速运转 10 分钟排除空气；
（11）将发动机熄火。

2. 更换回转机构箱内的油（参看图 2－2－32）。

（1）拆下回转机构箱底部盖板；

（2）在回转机构箱底部的排放阀下方放置一个容器，用以接油；

（3）打开回转机构箱底部的排放阀，放油结束后，拧紧；

（4）取下注油口盖 F，通过注油口加注新油；

（5）加注结束后，检查油位。

3. 检查减振器箱内的油位，添加（参看图 2－2－35）。

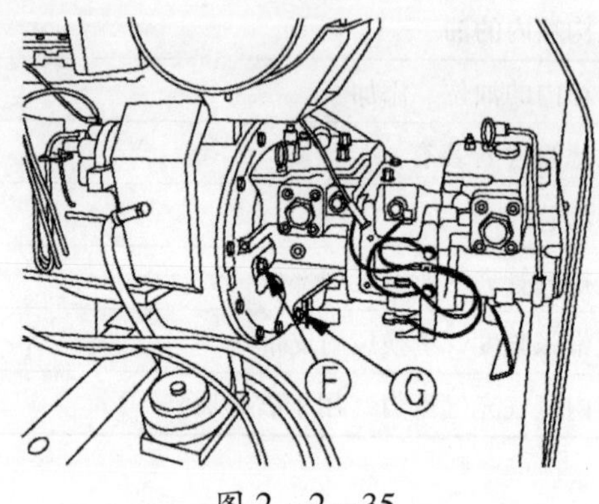

图 2－2－35

（1）将机器停放在平整的地面上并将发动机熄火，至少 30 分钟后，才可检查减振器箱内的油位；

（2）打开机器右侧的盖板；

（3）拆下螺塞 G 检查油位，如果油面在螺塞孔口附近，则油量合适，否则，拆下螺塞 F，通过螺孔注油直到螺塞 G 孔口附近；

（4）拧紧螺塞 G 和 F；

（5）关好机器右侧盖板。

4. 更换防腐蚀滤筒（若装有）（参看图 2－2－36）。

（1）关闭防腐蚀器顶部的阀①；

（2）用滤清器扳手将防腐蚀滤筒②拆下；

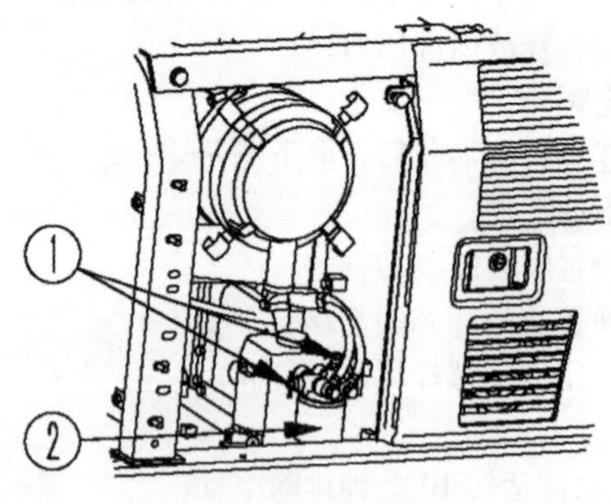

图 2－2－36

（3）在新滤筒的密封表面上涂油后，拧入滤芯座，当滤筒密封表面与滤筒座密封表面接触后，再拧转滤筒 2/3 圈；

（4）打开阀①；

（5）运转发动机并检查滤筒密封表面是否漏水。

（七）每 2000 小时保养

在完成每 100、250、500 和 1000 小时保养项目的同时，还须完成表 2－2－9 中的项目。

表 2－2－9　PC200－8 挖掘机每 2000 小时保养项目

序　号	项　目
1	更换终传动箱内的油
2	清洗液压油箱滤网
3	检查蓄能器内氮气的充气压力（用于控制油路）
4	检查交流发电机
5	检查发动机气门间隙，调整

1. 更换终传动箱内的油（参看图 2－2－33）。

（1）停机时使 TOP 标记位于上端（12 点方向），UP 标记和螺塞 P（6 点方向）与地面垂直；

（2）在螺塞 P 下方放置一个容器，用以接油；

（3）用扳手慢慢拆下螺塞 P 和 F，放油；

（4）检查螺塞上的“O”形圈是否损坏，如损坏，则更换；

（5）拧紧螺塞 P；

（6）通过螺塞 F 的孔加注新油；

（7）当油开始从螺塞 F 的孔流出时，装上、拧紧螺塞 F。

2. 清洗液压油箱滤网（参看图 2－2－37）。

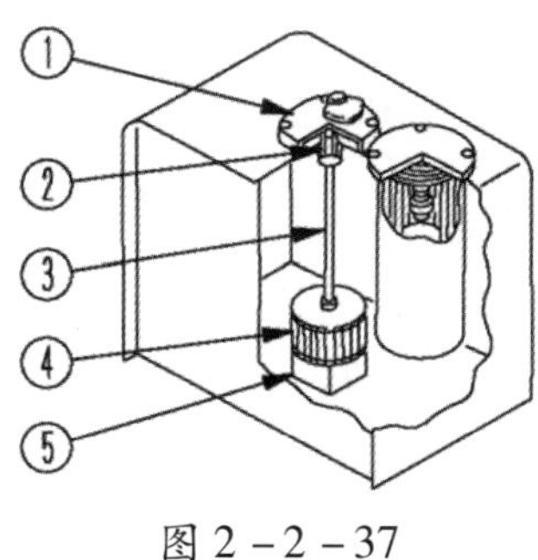

图 2－2－37

（1）慢慢拆下注油口盖，释放内部压力；

（2）慢慢拧松 6 颗固定螺栓，取下盖①；

（3）握住杆③的顶部向上提以拆下弹簧②和滤网④；

（4）清除粘在滤网④上的所有杂质，然后在清洗油中冲洗，若滤网损坏，则应予更换；

（5）安装时，将滤网④插入油箱的凸起部分⑤，并进行组装；

（6）组装时，用盖①底部的凸起部分固定住弹簧②，然后用螺栓固定盖①。

3. 检查蓄能器内氮气的充气压力（用于控制油路）（参看图2－2－38和图2－2－39）。

蓄能器内充有高压氮气，错误的操作会造成爆炸，导致严重的伤害或损坏。处理蓄能器时，要注意下列事项：

（1）液压油路中会残存压力，拆卸液压装置时，不要站在油可能喷出的方向；

（2）松开螺栓时，速度要慢；

（3）不得拆解蓄能器；

（4）不得将蓄能器靠近明火或丢入火中；

（5）不得给蓄能器打孔或进行焊接；

（6）不得碰撞、滚动蓄能器或使它受到任何冲击；

（7）处理蓄能器时，必须把气体放掉。

如果在蓄能器充气压力低时进行操作，一旦机器发生故障，它将不能释放储存的压力以支持应急操作。

应按下列步骤检查蓄能器充气压力：

（1）将机器停放在坚实平整的地面上。

（2）使工作装置保持在距地面1.5米的高度以及最大作业半径的状态（斗杆完全伸出，铲斗完全打开），参看图2－2－38所示。

（在15秒内进行步骤3～5）

（3）把起动开关转到OFF位置，关闭发动机。

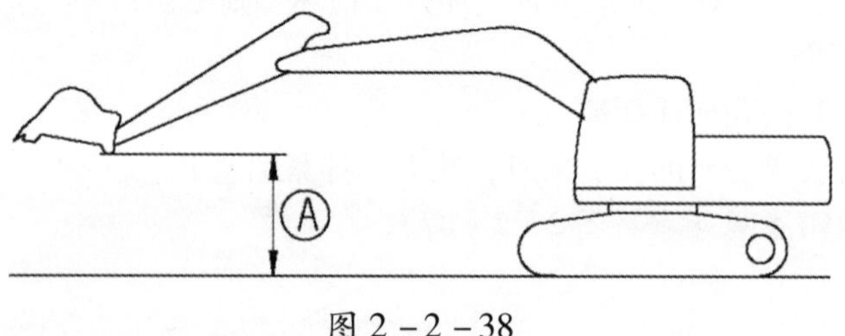

图2－2－38

（4）把起动开关转到ON位置。

（5）当安全锁定杆处于解锁位置时，操作动臂下降，同时查看铲斗是否能降至地面。

（6）如果上述操作能使铲斗降至地面，说明蓄能器工作正常，否则，蓄能器内的充气压力可能已经不足。

（7）检查完成后，将锁定杆置于锁定位置并将起动开关转到OFF位置。

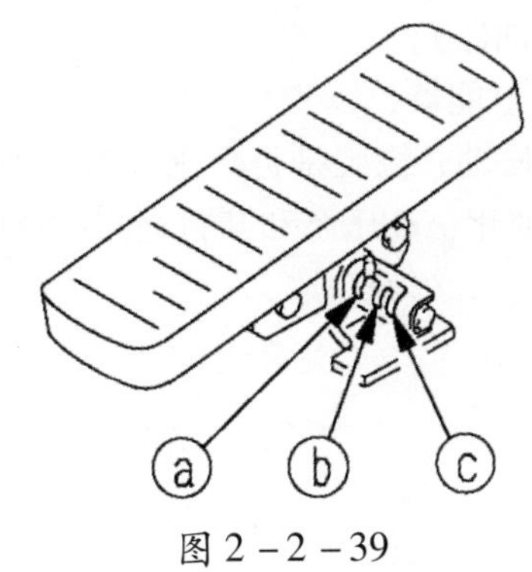

图 2－2－39

释放控制油路内压力的方法（如图 2－2－39 所示）：

（1）把工作装置降至地面，闭合破碎器附件（爪等）；

（2）将安全锁定杆置于锁定位置；

（3）将附件控制踏板的锁销插入到能操作踏板的位置 c（若装有）；

（在 15 秒内进行步骤 4～6）

（4）关闭发动机；

（5）将起动开关转到 ON 位置；

（6）将锁定杆置于解锁位置，然后将工作装置操纵杆和附件控制踏板（若装有）充分向前、后、左、右操作，以释放控制油路内的压力；

（7）将锁定杆置于锁定位置，然后把起动开关转到 OFF 位置；

（8）将锁销插入到位置 a，使附件控制踏板（若装有）不能操作。

（八）每 4000 小时保养

在完成每 100、250、500、1000 和 2000 小时保养项目的同时，还须完成表 2－2－10 中的项目。

表 2－2－10　PC200－8 挖掘机每 4000 小时保养项目

序　号	项　目
1	检查水泵
2	更换蓄能器（用于控制油路）
3	检查高压管路夹是否有松动、橡胶是否硬化
4	检查燃油喷射防止盖有无丢失、橡胶是否硬化
5	检查压缩机的工作状态
6	检查起动马达
7	检查减振器

1. 检查水泵。

目测检查水泵周围是否漏水漏油。

2. 更换蓄能器（用于控制油路）。

每 2 年或每 4000 小时更换蓄能器，以先到为准。

3. 检查高压管路夹是否有松动、橡胶是否硬化（参看图 2－2－40）。

目测和触摸检查橡胶有无硬化、高压泵和共轨之间的高压管路安装夹（2 处）是否有螺栓松动等问题。若有任何问题，必须更换零件。

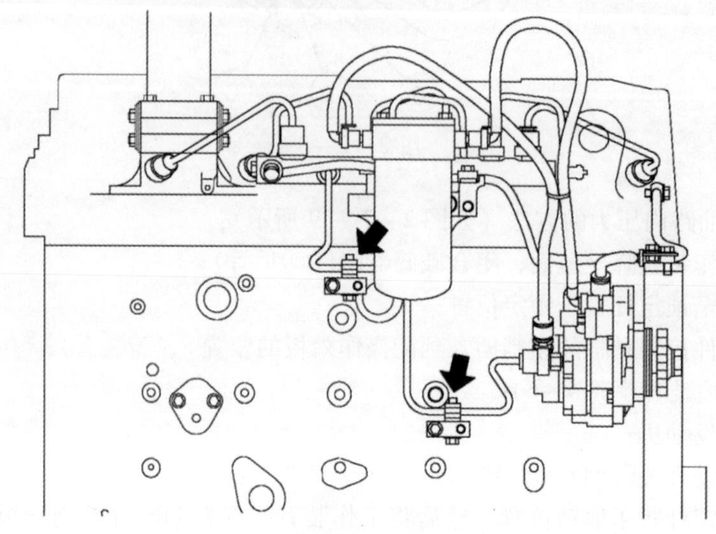

图 2－2－40

4. 检查燃油喷射防止盖有无丢失、橡胶是否硬化（参看图 2－2－41）。

燃油喷射管路上和高压管路两个末端的燃油喷射防止盖（14 处）的作用是防止燃油与发动机的高温零件接触，并防止在燃油泄漏或喷出时发生火灾。目测和触摸检查有无防止盖丢失、螺栓松动或橡胶硬化的问题。若有任何问题，必须更换零件。

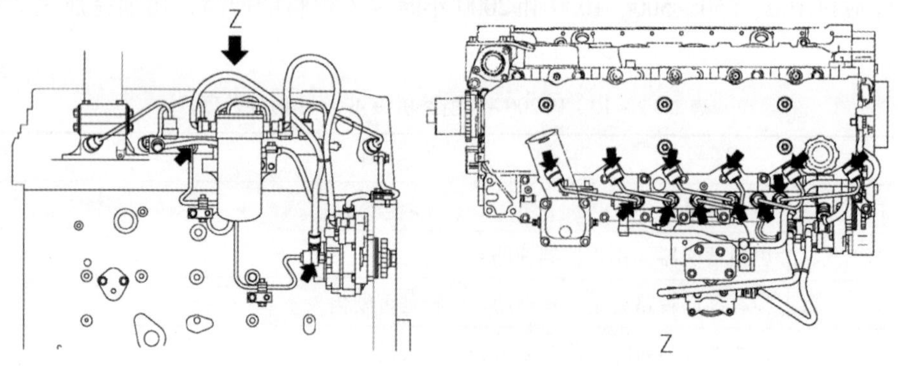

图 2－2－41

5. 检查压缩机的工作状态。

检查如下两项：

（1）打开或关闭空调开关时，压缩机和电磁离合器是否也打开或关闭；

（2）电磁离合器或压缩机有无异响。

（九）每 5000 小时保养

在完成每 100、250、500 和 1000 小时保养项目的同时，还须完成表 2－2－11 中的项目。

表 2－2－11　PC200－8 挖掘机每 5000 小时保养项目

序　号	项　目
1	更换液压油箱中的油

1. 更换液压油箱中的油（参看图 2－2－42）。

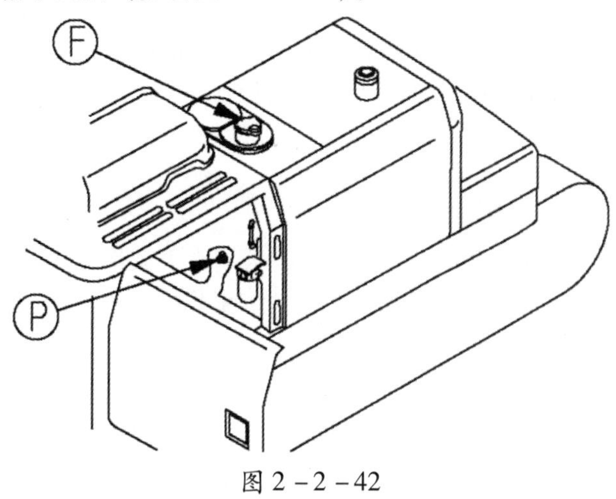

图 2－2－42

（1）回转上部机构，使液压油箱底部的排放塞位于左侧和右侧履带之间的中部。

（2）将斗杆和铲斗油缸收回，然后降下动臂，使铲斗齿与地面接触。

（3）将锁定杆置于锁定位置，并关闭发动机。

（4）拆下液压油箱上部的注油口盖 F。

（5）在机器底部的排放塞 P 下面放置一个接油容器，用手柄拆下排放塞放油，并检查排放塞上的“O”形圈是否损坏。如有损坏，则应更换“O”形圈。放油完毕，拧紧排放塞，拧紧力矩为（68.6 ±9.81）N·m。

（6）通过注油口加入规定量的液压油，之后检查油位，应位于观测计上的 H 和 L 线之间。

（7）从液压油路中排气。

（十）每 8000 小时保养

在完成每 100、250、500、1000、2000 和 4000 小时保养项目的同时，还须完成表 2－2－12 中的项目。

表 2－2－12　PC200－8 挖掘机每 8000 小时保养项目

序　号	项　目
1	更换高压管路夹
2	更换燃油喷射防止盖

工作情境一：

假设你是某工程公司挖掘机操作手，今天早上上班时间，接到销售服务商工作人员的电话，告知你手中的小松 PC－8 挖掘机 500 小时保养时间将至，与你约定来提供保养服务日期，最终双方约定后天来保。那么，你知道此次保养需要多长时间吗？具体做些什么保养项目？怎样协助？

工作情境二：

假设你是某工程机械销售服务商服务人员，公司今天派你带队去为一台挖掘机做 4000 小时保养，你知道要做哪些保养项目吗？需要携带哪些材料和工具？

执行方式：

分组讨论、情境演练、实操训练。

任务三　装载机施工

装载机是一种广泛用于公路、铁路、矿山、建筑、水电、港口等工程的土石方施工机械，它主要用来铲、装、卸、运土与砂石类散状物料，也可对岩石、硬土进行轻度铲掘作业，如果更换不同工作装置，还可以扩大其使用范围，完成推土、起重、装卸等工作。在公路施工中，它主要用于路基工程的填挖、沥青和水泥混凝土料场的集料、装料等作业。由于它具有作业速度快、效率高、操作轻便等优点，因而在国内外得到迅速发展，成为公路建设中土石方施工机械的主要机种之一。

装载机的作业对象主要是各种土壤、砂石料、灰料及其他筑路用散粒状物料等。

子任务 3.1　起动前检查

装载机操作员小李每天起动挖掘机直接工作，经过一段时间的工作后，装载机出现了轮胎气压不够、刹车失灵、油耗增加等问题，导致装载机停工。工作期间还出现过一些危险事故，面对出现的这些问题，操作员小李应该怎么做?

装载机操作员小李以前的工作方法是不对的，操作装载机前我们要学习装载机安全操作规程，起动前要检查装载机，工作中要观察装载机仪表，工作后要检查装载机，出现问题后要及时维修，减少装载机的停工时间。

专业能力

◇ 认知装载机安全操作规程；

◇ 掌握装载机的起动前检查项目。

方法能力

◇ 学生形成较强的制订工作计划、确定工作方法的能力；

◇ 学生形成较强的自学能力和资料检索能力。

社会能力

◇ 学生养成诚实守信、吃苦耐劳的优良品德；

◇ 学生能将安全生产意识和积极学习、工作的习惯运用到社会生活中；

◇ 学生具备较强的集体荣誉感，形成善于与人共事共处的沟通协作能力；

◇ 学生形成较强的口头和书面表达能力。

6 学时

由教师给出学习任务，分析重点、难点，提供解决思路，指导完成任务。学生通过自主学习，能掌握装载机安全操作规程，完成起动前检查、施工中检查和停机后检查。学生间讨论交流，加深对本学习任务的理解。

（一）装载机操作规程

1. 作业前的准备。

（1）检查轮胎的完好情况及气压是否符合规定标准。

（2）检查作业场地周围有无障碍物和危险品，并将施工场地进行平整，便于装载机和汽车的出入。

（3）起动前，先将变速杆置于空挡位置，各操纵杆在空挡位置，驻车制动器在停车位置，然后再起动发动机。

（4）起动后，做无负荷运转 3 ~ 5 分钟，确认正常后，再开始进行行驶和装载作业。

2. 作业和行驶要求。

（1）除驾驶室外，机上其他地方严禁站人。

（2）装载时铲斗的装料角度不宜过大，以免增加装料阻力。

（3）装料时应中低速进行，不得以高速将铲斗插入料堆的方式进行。

（4）装载时，驱动轮如有打滑现象，应微升铲斗再装料；如某些料场打滑现象严重，应使用防滑链条。

（5）在土质坚硬的情况下，不宜强行装料，应先使用其他机械将硬土松动后，再用装载机装料。

（6）向车上卸料时，必须将铲斗提升到不会触及车厢挡板的高度，严禁铲斗碰撞车厢。

（7）向车内卸料时，严禁将铲斗从驾驶室顶上越过。

（8）装载机不能在坡度较大的场地上作业。

（9）在装载作业中，应经常注意液力变矩器油温情况，当油温超过正常油温时，应停机降温后再继续作业。

（10）装载机一般应采用中速行驶，在平坦的路面上行驶时，可以短时间采用高速挡，在上坡及不平坦的道路上，应采用低速挡。

（11）下坡时，应采用制动减速，防止切断动力减速而发生溜车事故。

（12）行驶中，在不妨碍通过性能的前提下，铲斗应尽可能降低高度。

（13）通过桥涵时，应先注意交通标志所限定的载重吨位及行驶速度，确认可以通过时再匀速通过，在桥上应避免变速、制动和停车。

（14）涉水时，应在发动机正常有力、转向机构灵活可靠的情况下进行，并应先对河流的水深、流速及河床情况了解后再通过，涉水深度不得超过发动机油底壳。

（15）涉水后应立即停机检查，如发现因涉水造成制动失灵，则应进行连续制动，利用发热蒸发掉制动器内的水分，尽快使制动器恢复正常。

（16）操作人员离开驾驶室时，必须将铲斗落地，拉紧驻车制动器。

3. 作业后要求。

（1）装载机应放在平坦、安全、不妨碍交通的地方，并将铲斗落在地面。

（2）停机前，发动机应怠速运转 3 ~ 5 分钟，切忌突然停车熄火。

（3）按规定对装载机进行维护。

（二）装载机的操作装置及仪表

如图 3－1－1、图 3－1－2 所示。

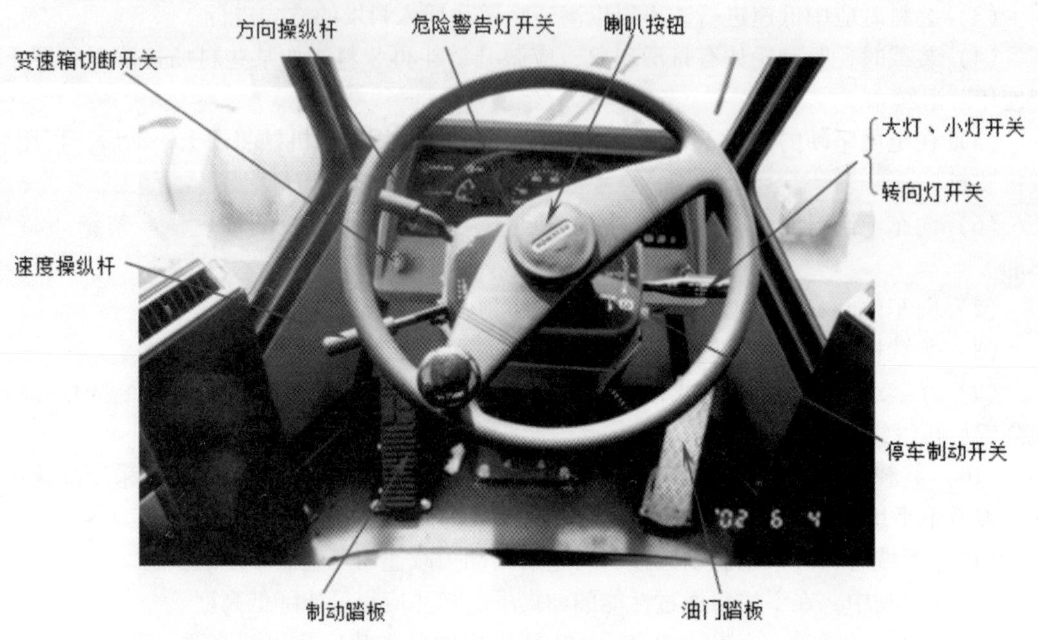

图 3－1－1　装载机操作杆

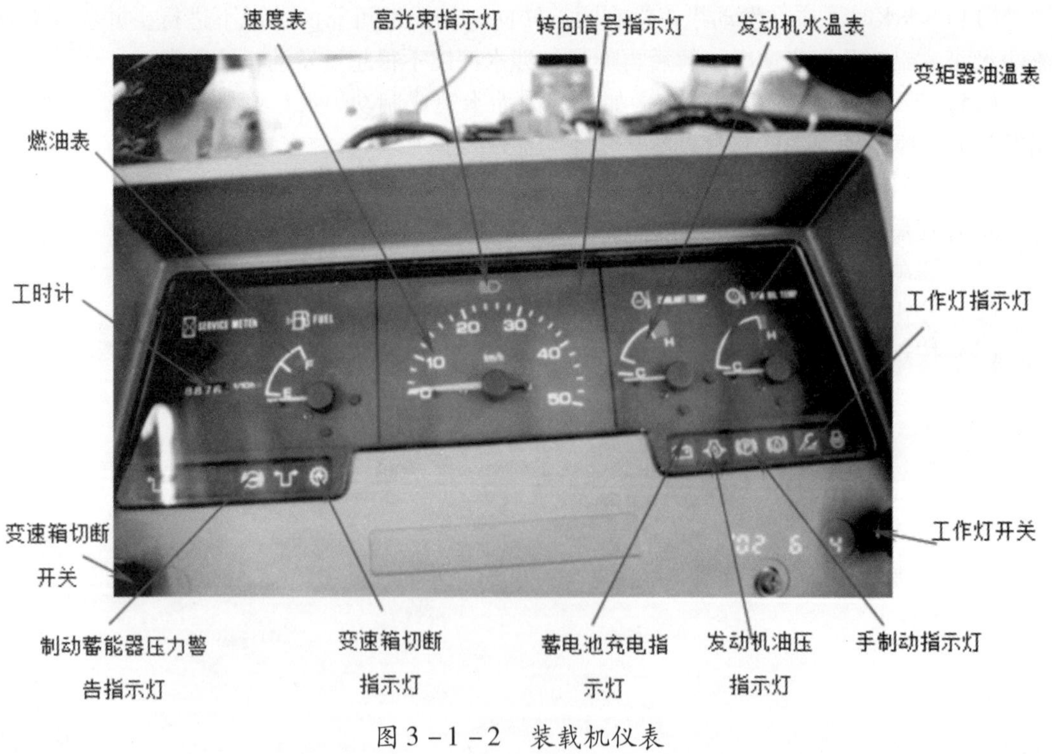

图 3－1－2　装载机仪表

（三）起动前检查

1. 检查冷却液的量，如果冷却液过少，加水；
2. 检查发动机油底壳中的油位，如果机油过少，加机油；
3. 检查燃油的油量，如果燃油过少，加燃油；
4. 检查液压油的油量，如果液压油过少，加液压油；
5. 检查轮胎气压够不够；
6. 检查电源线，桩子是否有松动；
7. 检查喇叭是否正常；
8. 检查油水分离器中的水和沉淀物，放出水和沉淀物；
9. 从燃油箱底部放出水和沉淀物；
10. 检查工作装置是否需加注润滑脂；
11. 检查机器仪表、指示灯是否正常。

工作情境一：

装载机操作员小李每天起动挖掘机直接工作，经过一段时间的工作后，装载机出现了轮胎气压不够、刹车失灵、油耗增加等问题，导致装载机停工。工作期间还出现过一些危险事故，面对出现的这些问题，操作员小李应该怎么做？

工作情境二：

作为装载机操作员，做装载机起动前检查，需要检查哪些项目？需要哪些工具？小李在教师的指导下完成装载机起动前检查。

执行方式：

分组讨论、情境演练。

子任务 3.2　基本动作训练

小李学习装载机操作，在学习了装载机相关理论知识后，要到装载机上进行实作训练，小李要从哪里入手学习呢？学习中有哪些注意事项呢？

小李在学习了装载机相关理论知识后，对装载机工作装置、驾驶室内的操作装置、监控器和操作手柄有了一定的认识，接下来，小李应该操作装载机手柄，将操作手柄的动作与工作装置的动作对应起来，了解操作手柄的行程与工作装置运动速度的关系。

专业能力

◇ 知道装载机分解动作的操作方法；
◇ 知道装载机的起动和熄火方法。

方法能力

◇ 学生形成较强的制订工作计划、确定工作方法的能力；
◇ 学生形成较强的自学能力和资料检索能力。

社会能力

◇ 学生养成诚实守信、吃苦耐劳的优良品德；
◇ 学生能将安全生产意识和积极学习、工作的习惯运用到社会生活中；
◇ 学生具备较强的集体荣誉感，形成善于与人共事共处的沟通协作能力；
◇ 学生形成较强的口头和书面表达能力。

12 学时

由教师给出学习任务，分析重点、难点，提供解决思路，指导完成任务。学生通过自主学习，能掌握装载机操作方法，完成起动、熄火。学生间讨论交流，加深对本学习任务的理解。

装载机的驾驶与基本操作如表 3 - 2 - 1 所示。

表 3-2-1　装载机的驾驶与基本操作

项　目	操作步骤
发动机起动	1. 起动前应将变速杆置于空挡位置，操纵阀杆置于中间位置，推下手制动杆，接通电源开关，微踏下加速踏板，按下起动按钮。一次按下起动按钮时间不得超过 5 秒，5 秒内如不能起动，应立即放开电钮，间隔 3～5 分钟后，再做第 2 次起动，如连续 3～4 次仍无法起动，则应检查原因后再起动。 2. 起动后应使发动机在低速、中速和额定转速下进行预热，并密切观察仪表的指示。
驾驶姿势	1. 正确的驾驶姿势不仅能减轻驾驶员的疲劳程度，还能兼顾车辆各方位的情况，利于观察仪表和运用各操纵杆件安全、持久、灵活地驾驶装载机。 2. 驾驶员上车后，身体对正转向盘坐稳，头部端正，两眼平视，座位高低调整到左脚操纵制动踏板时能自然踩到底为准。左脚经常放在制动踏板的左下方，以便快速操纵制动踏板，右脚放在加速踏板上，驾驶时应保持精力充沛、思想集中。工作时，左手握转向盘，右手握操纵手柄，两眼注视前方，根据需要及时准确进行操作。
变速	1. 低速挡扭矩大，速度慢，适宜起步、上坡和作业时使用。高速挡适宜运距较长或道路平坦情况下使用。 2. 行驶时，根据路况及时调整转向盘，保持正确的行驶方向，通过控制加速踏板和换挡调整车速，且换挡时应平稳拨动变速杆。 3. 变速杆由 1 挡加到 2 挡时，可直接加挡；改变行车方向时，必须在停车后进行。
动臂升降	驾驶员根据作业要求，操作动臂操纵杆向后拉，动臂上升；动臂操纵杆处于中位位置，动臂停止动作；向前推，动臂下降，继续向前推，动臂浮动（随地面高低浮动）。
铲斗翻转	操作铲斗操纵杆向后拉铲斗内翻转（收斗）；操纵杆回中位，铲斗停止翻转；向前推，铲斗外翻转（卸斗）。
停机	1. 踏下制动踏板，使装载机停车，拉动手制动，将变速杆置于空挡，将铲斗放平落地。 2. 逐渐降低发动机转速至怠速，运转 3～5 分钟后，拉动熄火开关，使发动机熄火，然后切断电源总开关。 3. 坡道上停车应在轮胎的后（或前）方垫上模型防滑物，并将铲斗立起放置于地面。

工作情境一：

小李学习装载机操作，在学习了装载机相关理论知识后，要到装载机上进行实作训练，小李要从哪里入手学习呢？学习中有哪些注意事项呢？

工作情境二：

小李在教师指导下，完成装载机基本动作训练。

执行方式：

分组讨论、情境演练、实操训练。

子任务3.3　铲装作业

小李到企业参加装载机操作实习，公司要求铲装建筑材料，面对这样一个任务，装载机能铲装哪些建筑材料呢？小李需要学习哪些方面的知识呢？

小李在学习了装载机的基本操作后，能操作装载机完成简单的工作，接下来，小李要操作装载机进行铲装作业，在工作中，根据材料的不同，有不同的铲装方法。通过学习装载机铲装作业，掌握装载机的操作方法，为以后的工作打下坚实的基础。

专业能力

◇ 描述装载机铲装作业的操作方法；

◇ 能根据铲装的材料，选择不同的铲装方法。

方法能力

◇ 学生形成较强的制订工作计划、确定工作方法的能力；

◇ 学生形成较强的自学能力和资料检索能力。

社会能力

◇ 学生养成诚实守信、吃苦耐劳的优良品德；

◇ 学生能将安全生产意识和积极学习、工作的习惯运用到社会生活中；

◇ 学生具备较强的集体荣誉感，形成善于与人共事共处的沟通协作能力；

◇ 学生形成较强的口头和书面表达能力。

24 学时

由教师给出学习任务，分析重点、难点，提供解决思路，指导完成任务。学生通过自主学习，能掌握装载机铲装作业的操作方法。学生间讨论交流，加深对本学习任务的理解。

（一）铲装作业

装载机的铲装作业循环由铲装、运输、卸料和空回 4 个过程组成。

1. 作业准备。

（1）接通四轮驱动。

（2）挂上 1 挡进行作业。

（3）清理作业场地，填平凹坑、铲除尖石等损坏轮胎和妨碍作业的障碍物。

2. 铲装方式。

根据物料种类、状态及位置的不同，可采用如下 3 种铲装方式。

（1）松散物料的铲装作业。装载机以前进 1 挡速度驶近料堆，铲斗底面与地面平行。当距离料堆 1 米左右时，下降动臂并将铲斗放至接触地面处，徐徐踩下加速踏板前进，使铲斗斗齿插入料堆中，操作铲斗操纵杆，收斗，驶离工作面（装满斗后的装载机应尽量快地后退，绝不允许继续往料堆方向前进）。当遇到阻力很大时，操作铲斗或稍举动臂的方法以达到装满为止，其装载过程如图 3－3－1 所示。

（2）铲装停机面以下物料（挖掘）。铲装时先放下铲斗并转动使其与地面成一定的铲土角（硬质地面 10°～30°，软地面 5°～10°），然后前进，使铲斗切入土内（如图 3－3－2 所示）。切土深度一般保持在 150～200mm，直至铲斗装满。装满收斗后，将铲斗举升到运输位置，再驶离工作面，运至卸料处。较难铲装的土壤，可操纵动臂或铲斗使铲斗稍改变一下铲土角。

（3）铲装土丘作业。装载机铲装土丘时可采用分层铲装或分段铲装法。分层铲装时，装载机向工作面前进（铲斗稍稍前倾），随着铲斗切入工作面，慢慢提升动臂，在铲斗刀刃离开料堆后，将铲斗转至运输位置，如图 3－3－3 所示。

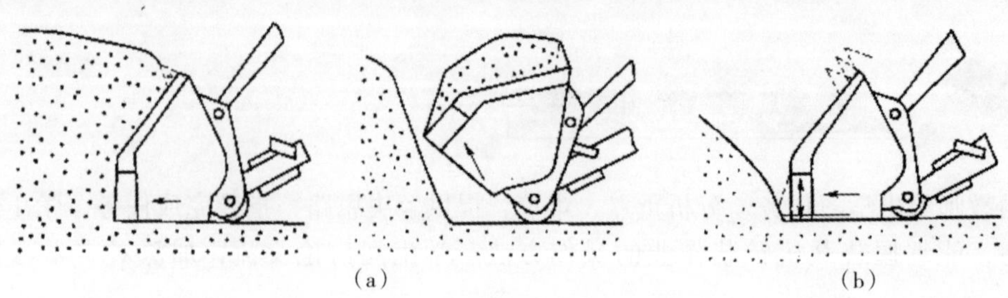

图 3-3-1　装载机铲装松散物料

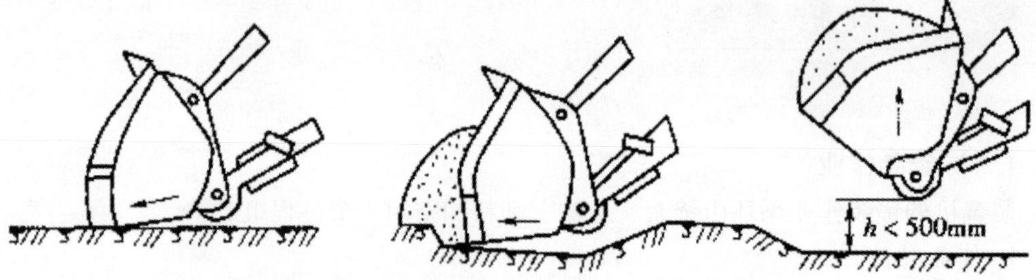

图 3-3-2　装载机铲装停机面以下物料

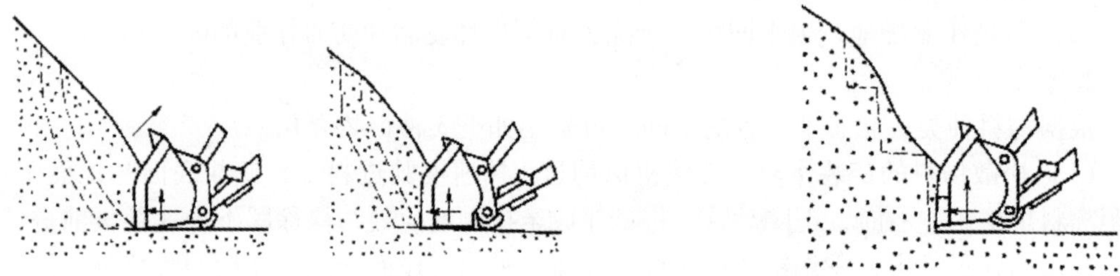

图 3-3-3　装载机分层、分段铲装法

工作情境：

小李到企业参加装载机操作实习，公司要求铲装建筑材料，面对这样一个任务，装载机能铲装哪些建筑材料呢？小李需要学习哪些方面的知识呢？小李在教师的指导下完成装载机铲装建筑材料。

执行方式：

分组讨论、情境演练、实操训练。

子任务 3.4　装载机施工作业

小李能操作装载机完成铲装作业，公司要求他将物料装载到自卸车，面对这样一个任务，他要如何操作装载机呢？如何选择装载机的工作方式呢？

装载机能完成短距离的运输，对于长距离运输，装载机将物料铲装后，将物料装载到自卸车，采用自卸车运输。装载机装载自卸车有很多的方法，根据不同的工作环境选择不同的装载方法能提高工作效率。

专业能力

◇　描述装载机装载作业的操作方法；

◇　能根据工作环境选择作业方法。

方法能力

◇　学生形成较强的制订工作计划、确定工作方法的能力；

◇　学生形成较强的自学能力和资料检索能力。

社会能力

◇　学生养成诚实守信、吃苦耐劳的优良品德；

◇　学生能将安全生产意识和积极学习、工作的习惯运用到社会生活中；

◇　学生具备较强的集体荣誉感，形成善于与人共事共处的沟通协作能力；

◇　学生形成较强的口头和书面表达能力。

12 学时

由教师给出学习任务，分析重点、难点，提供解决思路，指导完成任务。学生通过自主学习，掌握装载机装载作业的操作方法。学生间讨论交流，加深对本学习任务的理解。

装载机生产率与其作业方式有关。常用的作业方式有如下4种（如图3－4－1所示）。

1. “V”形作业法。

自卸运输车与工作面呈50°～55°布置［如图3－4－1（a）所示］，装载机的工作过程则根据车身结构形式而有所不同。装满斗后，倒车驶离工作面，并掉头50°～55°，垂直于自卸车，然后驶向自卸车卸载。卸载后装载机倒车驶离自卸车，然后调头转向料堆，进行下一个作业循环。“V”形作业法作业循环时间短，在许多场合得到广泛应用。

2. “I”形作业法。

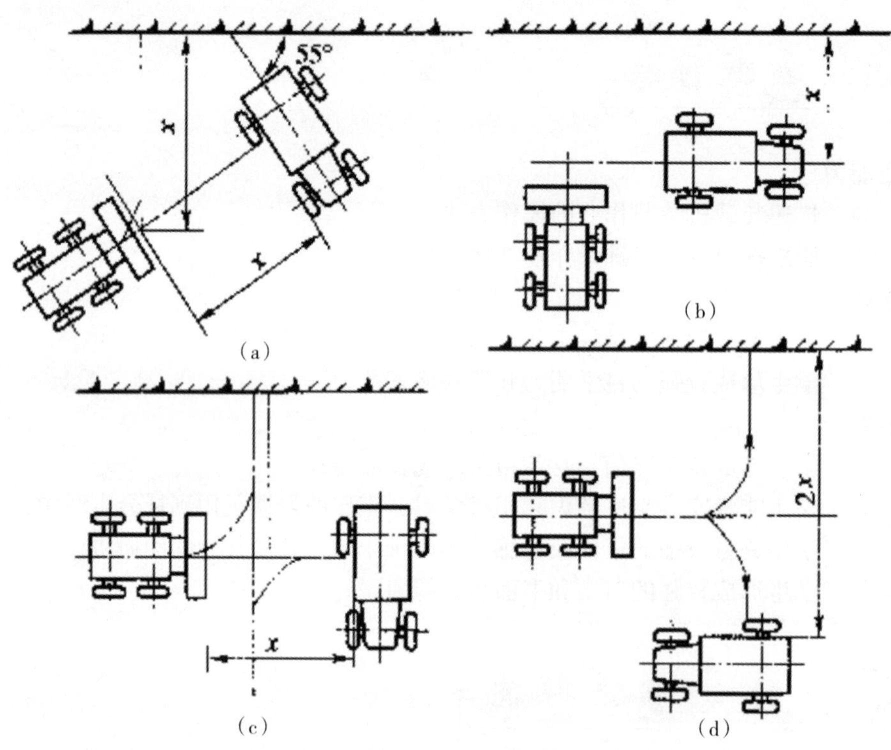

图3－4－1　装载机作业方式

自卸车平行工作面适时地做往复前进和后退［如图3－4－1（b）所示］，而装载机穿梭式地垂直于工作面前进和后退，所以该作业法又称穿梭式作业法。装载机装满斗后直线后退，同时举升铲斗到卸载高度，自卸车后退到与装载机垂直位置，然后装载机驶向自卸车并卸载。装载机卸载后自卸车向前行驶一段距离，以保证装载机驶向工作面进行下一个作业循环，直至自卸车装满为止。“I”形作业法省去了装载机的调头时间，对于不易转向的履带式及整体车架轮式装载机比较适用，但增加了自卸车前进、后退的次数。因此，采用这种作业方式的装载机，作业循环时间取决于与其配合作业的自卸车驾驶员的操作熟练程度。

3. “L”形作业法。

自卸车垂直于工作面［如图3－4－1（c）所示］，距离工作面较远。装载机铲装物料后倒退并调头90°，然后驶向自卸车卸载。空载的装载机后退并调转90°，然后驶向料堆进行下一次铲装。这种作业方式运距较短，作业场地较宽时装载机可同时与两台自卸车配合工作。

4. “T”形工作法。

自卸车平行于工作面［如图3－4－1（d）所示］，距离工作面较远。装载机铲装物料后倒退并调转90°，然后再向反方向调转90°驶向自卸车。

根据作业场地情况合理选择装载机的作业方式对其生产效率影响很大。选择作业方式的一般原则是：根据料场及料堆的大小，尽量做到装载机作业时的来回行驶距离短、转弯次数少。装载机的斗容量应与自卸车的车厢容积或装载重量相匹配，通常以2～4斗装满一车为宜。

工作情境：

小李能操作装载机完成铲装作业，公司要求他将物料装载到自卸车，面对这样一个任务，他要如何操作装载机呢？如何选择装载机的工作方式呢？小李在教师的指导下用不同的作业方式完成装载作业。

执行方式：

分组讨论、情境演练、实操训练。

子任务3.5　装载机其他作业

某施工企业要完成卸载、推土、刮平和压实作业，面对这些任务，我们能用装载机完成吗？小李如何操作装载机完成这些任务？对比其他专用机械，装载机完成的质量怎么样？另外，在特殊环境下操作装载机需要用不同的施工方法。

装载机主要用来铲装作业、完成短距离的运输。在小型工地，专业机械配置不全，我们可以用装载机来代替其他机械完成简单施工，比如代替推土机完成推土作业，代替平地机完成刮平作业，代替压路机完成压实作业，等等。

专业能力

◇ 描述装载机的其他功能；

◇ 掌握装载机卸载作业、推土作业、刮平作业、压实作业的方法。

方法能力

◇ 学生形成较强的制订工作计划、确定工作方法的能力；

◇ 学生形成较强的自学能力和资料检索能力。

社会能力

◇ 学生养成诚实守信、吃苦耐劳的优良品德；

◇ 学生能将安全生产意识和积极学习、工作的习惯运用到社会生活中；

◇ 学生具备较强的集体荣誉感，形成善于与人共事共处的沟通协作能力；

◇ 学生形成较强的口头和书面表达能力。

12 学时

由教师给出学习任务，分析重点、难点，提供解决思路，指导完成任务。学生通过自主学习，掌握装载机装载作业的操作方法。学生间讨论交流，加深对本学习任务的理解。

装载机其他作业有：

1. 卸载作业。

装载机驶向自卸车或指定货场，并对准车厢或货台，逐渐将动臂提升到一定高度（使铲斗能向前翻不致碰到车厢或货台），操纵铲斗手柄前倾卸料（适当控制手柄，以达到逐渐卸料的目的），卸料时要求动作轻缓，以便减轻物料对自卸车的冲击。如果物料黏附在铲斗中，可往复扳动操纵手柄，让铲斗振动，使物料脱落。卸料完毕后，收铲斗倒车，然后使动臂下降进行下一个作业循环。

2. 推土作业。

下降动臂，铲斗平贴地面，使轮胎略微浮起，发动机中速运转，向前推进（如图 3－5－1 所示）。在前进中遇有阻力时，可稍微提起动臂后继续前进。因此，动臂操纵手柄应在上升与下降之间随时调整。不能扳到上升或下降的任一固定位置。同时，不允许推动铲斗手柄，以保证推土作业顺利完成。

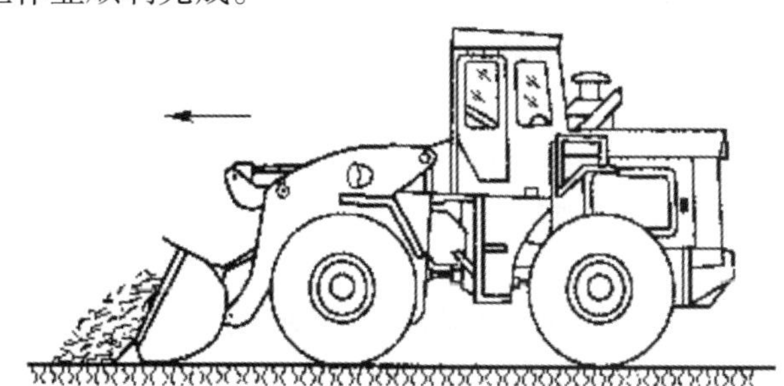

图 3－5－1　推土作业

3. 刮平作业。

铲斗反转到底，使铲斗刀板触及地面。硬质地面，动臂操纵杆应放在浮动位置，软质地面则应放在中间位置，变速杆接到后退挡，用铲斗刮平地面（如图 3－5－2 所示）。为了进一步加工地面，还可以进行精平，将铲斗内装上一些松软土壤，水平放在地面上，向左右缓慢蛇行，边走边压实，可弥补刮平后缺陷。与此方法类似的还有拖平作业（如图 3－5－3 所示）。

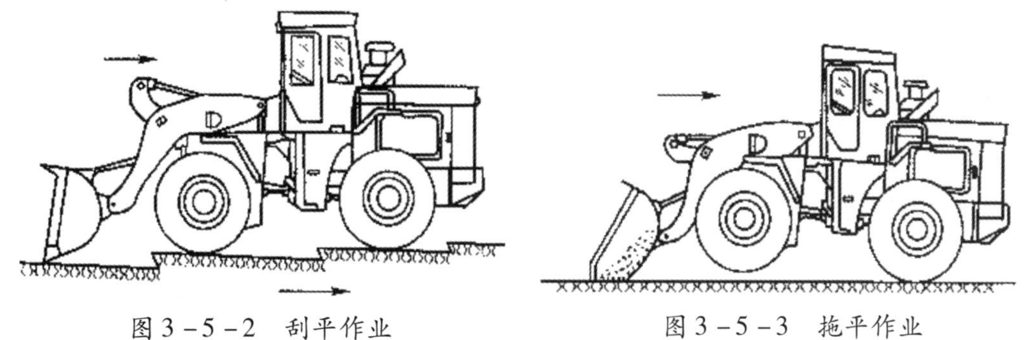

图 3－5－2　刮平作业　　　图 3－5－3　拖平作业

4. 压实作业。

地面压实作业包括撒土、摊平、碾压与夯实等几道工序。

撒土时，土壤装入铲斗后，在斗底离地 80cm 处，将铲斗向上翘起 10°～15°，然后操纵变速杆，快速反复抖动，把所装土壤平均撒布在路面上。

撒土后，可利用机械自重前进、后退、往返行驶，进行碾压。经过撒土、摊平、碾压之后，即可夯实（用机体自重和斗底向地面拍打、夯实）。

5. 几种特殊作业工况的处理。

（1）在凹凸不平的路面行驶。

在凹凸不平的路面行驶时，须慢速缓行，采用四轮驱动。行驶速度过快会引起不正常的冲击而影响机械寿命。如果装载作业要求经常往返行驶，即便浪费时间，也要先整理路面，这样才能提高作业效率。

（2）在软土地带行驶。

在软土地带行驶时，要由人先去试走一下，并检查轮胎充气压力是否足够。确认可行时，再先让装载机前轮进入软土，机体重心略向前移动后即停车。验证前轮是否下陷后，再继续前进。如果轮箍已被埋入，则不能再行驶。在软土地带行车时，应尽可能直线行驶，切忌急转弯。如遇轮胎打滑，可略后退，避开打滑处再前进。

（3）处理陷车。

装载机陷车后，可先将铲斗完全放倒，动臂放到地面，使前轮浮起，再将机体后退，同时慢慢提起动臂。如此反复多次操作，即可脱出。

（4）夜间作业。

装载机在夜间进行作业时，要特别掌握好行车速度，并与照明配合好。因为夜间无论物料远近都容易引起错觉。作业过程中要经常注意其他车辆，尽可能不要靠近。倒车时更要加倍注意。

夜间作业时，应带有手电筒，必要时，可发出故障信号，确保作业安全。

（5）冬季施工。

①预防冻土：冬季作业时，土壤或物料往往被冻结。这时可用松土机等进行必要的疏松工作；此外，应尽可能在冬季前安排薄土层区域施工，留下厚土层区域进行冬季施工；暂时可不施工的区段，应用草垫等保温材料加以覆盖，防止冻结；任务要求紧急时，可以安排多班连续作业，使土壤或物料没有冻结的机会；每班作业任务完成后，应将铲斗内的余料清除干净，同时还要注意轮胎、履带与地面的冻结。

②铲挖冻料：物料冻结深度在30cm以上时，仍可直接用铲斗铲装。超过30cm时，须用松土机等疏松后才能铲装。如果冻土层太厚，则可用炸药先行炸开再装。

（6）雨季施工。

雨季，装载机经常在泥水混杂的场地进行作业。施工前，要仔细检查各部位螺栓是否紧固。必要时涂以防锈油以防锈蚀。发现机械任何部位有积水都必须及时排除。工作完毕要仔细清洗，检查零部件损坏情况、连接螺栓是否松动并要加足润滑油；要特别注意加油点、用具、油脂等处的清洁，检查轮胎轮载和履带行走机构及最终传动部分是否有积水。发现问题及时解决。雨天还要注意检查空气滤清器的纸质滤芯，如发现堵塞、变质或损坏，应及时清除或更换。

雨季使用装载机必须注意防塌、防潮、防风、防滑等，确保安全作业。施工现场应保持平整，并准备一定的排水坡度，以防积水；雨后，应将局部坑凹处的积水排除干净。无法排水时，用抽水机将水抽出或备一个积水坑，将水引走；为了提高作业效率，应用炉渣等防滑材料铺垫道路。自卸汽车装车前，也可在车厢内撒铺炉渣，使土壤或物料不致粘在车厢上；卸料区需碾压时，应在当天下班前用推土机或装载机铲斗推平压实，以免雨后淋湿以致第二天无法作业。雨后路滑，装载机应与汽车保持一定距离，防止因路滑而造成撞车事故；山地施工要注意预防塌方；机械停放也不要距离坑边太近，以防翻车。

工作情境一：

装载机的作业范围很广，能完成很多辅助性工作，比如卸载作业、推土作业、刮平作业、压实作业等，小李在教师的指导下完成装载机的其他作业。

工作情境二：

模拟特殊施工环境，在教师的指导下完成施工作业。

执行方式：

分组讨论、情境演练、实操训练。

任务四　装载机维护保养

装载机的维护应坚持“预防为主、强制维护、视情修理”的原则。应保持装载机外观整洁，及时发现和消除故障隐患，防止早期损坏。

装载机维护保养分为走合维护、日常维护和定期维护（包括每周维护、每月维护、每季维护、半年维护和年维护）等。

子任务4.1　装载机走合维护

新的或大修后的装载机在规定作业时间内的使用磨合，称为装载机走合（初驶）。它对于延长装载机的使用寿命、消除故障隐患、避免重大故障的发生具有重要的作用。

今天公司修理部门即将大修竣工一台装载机，明天即可交付机主。公司决定，交付的具体事宜由你来完成，其中就包括告知机主装载机走合维护的有关事项，你将怎样完成这个任务？

目前，部分用户由于缺少装载机使用维护常识，或是由于工期紧，或是想尽快获得收益，而疏忽新机或大修机走合期的使用维护保养要求。有的用户甚至认为，反正厂家有保修期，机器坏了由厂家负责维修，于是使装载机在走合期内就长时间超负荷使用，导致其早期故障频发，这不仅影响装载机的正常使用，缩短其使用寿命，还将影响工程进度。因此，售后服务人员有必要引导用户正确理解并充分重视装载机走合期的使用与维护保养要求。

专业能力

◇ 学生在工作中充分落实装载机的走合维护作业项目；

◇ 学生能清晰描述装载机走合维护的注意事项并告知客户。

方法能力

◇ 学生形成较强的制订工作计划、确定工作方法的能力；

◇ 学生形成较强的自学能力和资料检索能力。

社会能力

◇ 学生养成诚实守信、吃苦耐劳的优良品德；

◇ 学生能将安全生产意识和积极学习、工作的习惯运用到社会生活中；

◇ 学生具备较强的集体荣誉感，形成善于与人共事共处的沟通协作能力；

◇ 学生形成较强的口头和书面表达能力。

6 学时

首先，学生须明确学习任务的内容和目标；

其次，学生应广泛利用各种媒介搜集有关资讯，筛选信息，为我所用；

最后，学生应认真观看教师示范或视频媒体，大胆提问，认真、科学地制订实施计划，有组织地开展实训工作。

（一）装载机走合要求

1. 新的或大修后的装载机最初使用的 100h 为走合（初驶）期。

2. 减载：走合期间以装载松散物料为宜，在走合期内，装载量不得超过额定载重的 70%。

3. 减速：发动机不得高速运转，限速装置不得任意调整或拆除，行驶速度不得超过额定最高车速的 70%。

4. 按规定正确选用燃油和润滑剂。

5. 正确操作。正确起动，空转5min，发动机预热到40℃以上，以平稳低速小油门起步，逐步提高速度；走合期间，各种挡位应均匀安排走合，适时换挡，避免猛烈冲击；作业不得过猛过急，应避免突然起动、突然加速、突然减速和突然转向；使用过程中密切注意变速箱、变矩器、前后桥、轮毂、停车制动器、中间支承轴以及液压油、发动机冷却液、发动机机油的温度，在装卸作业时，严格遵守操作规程。

（二）走合前的维护

装载机走合前的维护应按表4－1－1所列步骤和内容完成。

表4－1－1　装载机走合前的维护作业项目

步　骤	项　目	方　法	注意事项
1	检查、紧固全车各总成外部的螺栓、螺母、管路接头、卡箍及安全锁止装置	目测、检查、紧固	用力均匀、防止碰手
2	检查全车油、水、液的液面高度	目测、添加、紧固	容器要干净，严禁不同牌号的油混合使用
3	检查轮胎气压	用气压表对准轮胎气门芯测量，目测压力值	
4	检查、调整制动踏板自由行程和手制动器操纵杆行程	用钢板尺测量各行程。若不符合要求，通过调整螺钉进行调整	发动机处于熄火状态
5	检查、调整风扇皮带松紧度	当手压皮带挠度超过15mm时应紧皮带,当挠度小于8mm时应放松皮带,通过发电机支架导轨固定螺栓进行调整	发动机熄火，皮带松紧适中
6	检查蓄电池电解液液面高度、密度和负荷电压	目测液面高度，用密度计测量电解液的密度，用高率放电计测量蓄电池负荷电压	防止电解液溅到身上
7	检查各仪表、照明、信号、开关按钮及随车附属设备工作情况	起动发动机或用万用表检查各仪表、照明、信号、开关等的可靠性	必须关闭发动机，切断蓄电池电源
8	检查液压装置工作情况，必要时调整分配阀操纵杆行程	用钢板尺测量各操纵杆行程距离，操纵杆自由行程标准值为7mm左右，若不符合要求，通过调整螺钉进行调整，达到标准值	调整时发动机必须熄火，工作装置降至最低

（三）走合后的维护

装载机走合后的维护应按表 4－1－2 所列步骤和内容完成。

表 4－1－2　装载机走合后的维护作业项目

步　骤	项　目	方　法	注意事项
1	清洁全车	由外至内进行擦拭、清洁灰尘	清洗上部时防止跌落；清洗内部时防止电路系统和液压系统进水
2	更换发动机机油和机油滤清器	起动发动机运转 5min，热车放出机油，拆下机油滤清器，用清洁的煤油或柴油清洗发动机油底壳，控干后拧紧油底壳放油螺塞，装上新的滤清器，按规定的牌号加入新油	
3	清洁空气滤清器	打开空气滤清器外罩，取出滤芯，用气泵吹扫干净	发动机处于熄火状态
4	清洗高压泵进油口滤网，更换燃油滤清器，放出燃油箱沉淀物	拧开高压泵进油口处的空心螺栓，取出滤网，用清洁煤油或柴油进行清洗，按原位装好拧紧，然后用滤芯扳手更换新的燃油滤清器	滤网和滤清器油管接头必须要装好拧紧，防止发动机起动时空气进入不易发动
5	更换变速箱、驱动桥的用油	打开变速箱、驱动桥的放油螺塞，放出旧油，用清洁的煤油或柴油从变速箱、驱动桥的加油口处加入进行冲洗，控干后拧紧放油螺塞，然后加入规定牌号的油	加油容器应干净
6	检查轮边减速器轴承松紧度	将驱动桥支起，检查轮边减速器轴承的松紧度，轴承的间隙以无轴向旷量为宜	驱动桥支架应平稳，防止倒塌，发动机处于熄火状态
7	检查紧固全车各总成外部的螺栓、螺母及安全锁止装置	目测、检查、紧固	
8	检查制动装置技术状况	测量制动踏板行程；目测制动液液面高度，目测制动摩擦片的损坏程度，摩擦片损坏超过 2/3 时应更换	必须在发动机熄火状态下进行

续 表

步 骤	项 目	方 法	注意事项
9	检查、调整风扇皮带松紧度	当手压皮带挠度超过15mm时应紧皮带，当挠度小于8mm时应放松皮带，通过发电机支架导轨固定螺栓进行调整	发动机熄火，皮带松紧适中
10	检查蓄电池电解液液面高度、密度	目测液面高度，用密度计测量电解液的密度，用高率放电计测量蓄电池负荷电压	防止电解液溅到身上
11	检查工作装置的工作性能	起动发动机，检查各操纵杆自由行程，若不符合要求，通过调整螺钉进行调整，达到标准值	调整时发动机必须熄火，工作装置降到最低点
12	润滑全车各润滑点	用黄油枪按顺序依次加注润滑脂	直到将各润滑点的旧油脂压出来为止

工作情境一：

今天公司修理部门即将大修竣工一台装载机，明天即可交付机主。公司决定，交付的具体事宜由你来完成，其中就包括告知机主装载机走合维护的有关事项，你将怎样完成这个任务？

工作情境二：

假设你是工作情境一中的机主（或操作手），现刚接手这台大修机，你打算怎样实施其走合维护工作？

执行方式：

分组讨论、情境演练、实操训练。

子任务4.2 装载机日常维护

日常维护是指每10个工作小时或每天的维护，包括使用前检查、作业中检查和回场后维护。

小李几天前应聘成功某工程公司装载机操作手岗位，今天第一天上班，管理人员请他铲装砂石“露一手”，小李不慌不忙，拿着钥匙一上机便发动机器欲铲装，管理人员急忙喝令他停机。那么，你知道小李为什么被喝令停机吗？他应该怎样做才对呢？

筑路机械的日常维护一般主要包括：清除机械表面堆积的泥土和粘砂，清除发动机、液压元件和各部件表面上的尘土油垢（注意切勿将污物弄进加油口和空气滤清器内）检查机械各部件的联接和紧固情况，对松动或断裂的给予紧固或更换；检查和排除发动机各部位的渗漏情况；检查发动机的润滑油、燃油及液压油油量并按规定加入新油至规定的油标指示刻度以及从各润滑脂嘴加注润滑脂。

专业能力

◇ 学生在工作中认真落实装载机使用前的检查、作业中的检查和回场后的维护工作；

◇ 学生能描述装载机日常维护工作的主要项目。

方法能力

◇ 学生形成较强的制订工作计划、确定工作方法的能力；

◇ 学生形成较强的自学能力和资料检索能力。

社会能力

◇ 学生养成诚实守信、吃苦耐劳的优良品德；

◇ 学生能将安全生产意识和积极学习、工作的习惯运用到社会生活中；

◇ 学生具备较强的集体荣誉感，形成善于与人共事共处的沟通协作能力；

◇ 学生形成较强的口头和书面表达能力。

6 学时

首先，学生须明确学习任务的内容和目标；

其次，学生应广泛利用各种媒介搜集有关资讯，筛选信息，为我所用；

最后，学生应认真观看教师示范或视频媒体，大胆提问，认真、科学地制订实施计划，有组织地开展实训工作。

（一）使用前检查

装载机使用前检查应按表 4－2－1 所列步骤和内容完成。

表 4－2－1　装载机使用前检查作业项目

步　骤	项　目	方　法	注意事项
1	清洁全车	由外至内进行擦拭、清洁灰尘	清洗上部时应注意安全保护，防止跌落；清洗内部时防止电路系统和液压系统进水
2	检查全车有无渗漏现象和燃油、液压油、润滑油、冷却液、制动液是否加足	目测、添加、紧固	需要补充的油料、冷却液必须与原来的油料、冷却液的牌号相同，所用的油料、冷却液和器具要干净清洁
3	检查蓄电池电解液的液面高度、密度及电压是否符合规定，外接线接头是否牢固	目测液面高度，用密度计测量电解液的密度，用高率放电计测量蓄电池负荷电压	测量电解液时防止电解液溅到身上
4	检查各仪表、照明、开关、按钮及其他附属设备工作情况是否正常	用万用表检查各仪表、照明、信号、开关等的可靠性	关掉总电源
5	检查发动机有无异响，工作是否正常	安装蓄电池，接通电源，起动发动机至怠速倾听；检查润滑油油位、水位是否达到标准	起动前应检查润滑油的油位、水箱水位，清除柴油机周围杂物，确认无误后，方可起动。柴油机运转时，操作人员不允许靠近转动部位，进行必要的检查、调整时，须关闭发动机

续 表

步　骤	项　目	方　法	注意事项
6	检查转向、制动、轮胎和牵引装置的技术状况及紧固情况	起动发动机。转动方向盘，方向盘左、右的操纵力应该均匀，不允许存在卡滞现象	前、后轮胎的标准气压均为0.28～0.33MPa。牵引装置要紧固可靠，不得松动
7	检查各工作装置的技术状况及紧固情况	起动发动机，检查各操纵杆自由行程，若不符合要求，通过调整螺钉进行调整，达到标准值	检查、调整时工作装置降到最低点，关闭发动机，各操纵杆销轴要牢固可靠，各操纵杆灵敏可靠，技术性能参数达标
8	检查随车工具及附件是否齐全		常用的呆扳手、活动扳手、螺丝刀、密封件应配备齐全

（二）作业中检查

装载机作业中检查应按表4－2－2所列步骤和内容完成。

表4－2－2　装载机作业中检查作业项目

步骤	项　目	方　法	注意事项
1	检查发动机、底盘、工作装置、液压系统、电器系统的工作情况	起动发动机前应检查润滑油的油位、水箱的水位，确认无误后，连接电源方可起动，起动后观察发动机、液压系统、电器系统的工作情况	工作装置降到最低点；检修调整时关闭发动机
2	检查机油、润滑油、液压油的温度是否正常，全车有无油、水渗漏现象	目测、添加、紧固	油温超过110℃、水温超过100℃时，应立即关闭发动机，等温度降下后再进行工作，然后排除渗、漏油现象
3	检查制动装置的状态、转向系统的灵敏度和渗漏现象	接通电源，起动发动机。转动方向盘时，方向盘左、右的操纵力应该均匀，不允许存在卡滞现象。用钢板尺测量，制动踏板自由行程标准值应为100mm左右；目测制动液的液面高度和制动片磨损情况，制动片磨损超过2/3时应更换	如果制动盘温度过高，应停止工作，等温度降下后再进行工作

（三）回场后维护

装载机回场后维护应按表4－2－3所列步骤和内容完成。

表4－2－3　装载机回场后维护作业项目

步骤	项　目	方　法	注意事项
1	清洁全车	关闭发动机，切断电源，由外至内进行冲洗	清洗内部时防止电路系统和液压系统进水
2	添加燃油，检查润滑油、冷却液、液力油、制动液	目测、添加	需要补充的油料、冷却液必须与原来的油料、冷却液的牌号相同，所用的油料、冷却液和容器要干净清洁
3	检查风扇皮带的完好情况和松紧度	手压检查，当手压皮带挠度超过15mm时应紧皮带，当挠度小于8mm时应放松皮带，通过发电机支架导轨固定螺栓进行调整	发动机熄火，皮带松紧适中
4	检查并紧固各部位螺栓、螺母	目测、检查、紧固	
5	检查液压系统各管路接头有无渗漏现象	将发动机起动后，工作油泵正常工作。目测、检查、紧固	更换液压密封件时，关闭发动机，管接头处应擦拭干净，所更换的密封件应按原规格型号的标准进行更换，拧紧时扭力不应过大，以不渗漏为宜
6	检查各电器线路，接头要牢固，接触要良好	用万用表检查电器线路各接头接触情况	调整、检修时必须关闭发动机，切断电源，防止短路
7	排除工作中发现的故障	首先按部位故障进行分析，由外至内依次进行清洗排除，或更换损坏的部件	维修时发动机必须在熄火状态下进行，工作装置降到最低点
8	检查、整理随车工具及附件	目测检查、擦拭干净	将随车工具用棉纱擦拭干净，按工具箱内的位置摆放整齐
9	北方冬季未用防冻液或没有置于暖库的应放尽冷却水	发动机处于怠速状态，水温降至50℃～60℃时熄火，打开水箱盖，将机体的放水开关和水箱的放水开关打开，将水放净；再起动发动机，怠速2～3min，将水泵里的水排出，发动机熄火，关闭电源	

工作情境：

小李几天前应聘成功某工程公司装载机操作手岗位，今天第一天上班，管理人员请他铲装砂石“露一手”，小李不慌不忙，拿着钥匙一上机便发动机器欲铲装，管理人员急忙喝令他停机。那么，你知道小李为什么被喝令停机吗？他应该怎样做才对呢？

执行方式：

分组讨论、情境演练、实操训练。

子任务 4.3　装载机定期维护

在用的机械使用到规定的台班、工作小时或里程后所进行的维护，称为定期维护。定期维护按间隔时间长短，可分为三级：一级维护的维护重点是润滑、紧固，突出解决“三滤”清洁；二级维护的重点是检查、调整；三级维护的重点是检查、调整，消除隐患，平衡各部机件的磨损程度等。

假设你是某工程机械销售服务商服务人员，公司今天派你带队去为一台装载机做 1000 小时保养，你知道要做哪些保养项目吗？需要携带哪些材料和工具？

从目前采用的各种维护保养制度来看，定期保养仍是平时维护保养中涉及最多的一种保养制度和模式。除此之外，结合实际，采用积极灵活的定检保养、视情维护制度，也受到业内人士的积极推崇，但具体执行效果仍有待验证。尽管定期保养制度有时会造成“过维护”或“欠维护”的现象，但是定期保养在实际运用过程中容易掌控，具有更好的可操作性，因此许多单位仍在使用定期维护保养制，定检保养、视情维护制度完全取代定期保养制度也不太可能。

专业能力

◇ 学生在工作中充分落实对装载机的定期维护；
◇ 学生能准确描述装载机定期维护的分类和项目。

方法能力

◇ 学生形成较强的制订工作计划、确定工作方法的能力；
◇ 学生形成较强的自学能力和资料检索能力。

社会能力

◇ 学生养成诚实守信、吃苦耐劳的优良品德；
◇ 学生能将安全生产意识和积极学习、工作的习惯运用到社会生活中；
◇ 学生具备较强的集体荣誉感，形成善于与人共事共处的沟通协作能力；
◇ 学生形成较强的口头和书面表达能力。

18 学时

首先，学生须明确学习任务的内容和目标；

其次，学生应广泛利用各种媒介搜集有关资讯，筛选信息，为我所用；

最后，学生应认真观看教师示范或视频媒体，大胆提问，认真、科学地制订实施计划，有组织地开展实训工作。

（一）每月（或每 250 工作小时）维护

装载机每月（或每 250 工作小时）维护，是在完成每周维护的基础上，按表 4－3－1 所列内容和步骤完成。

表4-3-1 装载机每月（或每250工作小时）维护作业项目

步 骤	项 目	方 法	注意事项
1	清洁全车	由外至内进行擦拭，清洁灰尘	清洗上部时应注意安全保护，防止跌落；清洗内部时防止电路系统和液压系统进水
2	清洁空气滤清器	打开空气滤清器外罩，取出滤芯，用气泵吹扫干净	发动机处于熄火状态
3	更换机油滤清器和燃油滤清器	用链条扳手或皮带扳手将机体上旧的滤清器拆下，然后装上新的滤清器	将密封圈装好、拧紧，防止发动机起动后漏油
4	清洁发电机内部，润滑轴承，检查炭刷与滑环的接触情况	用工具将发电机从柴油机上拆下，进行解体清洁检查	把发电机与线束连接的线路做好标记；清洁检查后的发电机轴承应更换润滑油脂
5	检查调整制动踏板自由行程和手制动操纵杆行程	用钢板尺测量各行程，制动踏板自由行程标准值为100mm左右，手制动器操纵杆行程标准值为150mm左右，若不符合要求，通过调整螺钉进行调整，达到标准值	调整时发动机处于熄火状态
6	检查轮边减速器轴承松紧度	检查轴承松紧度	工作装置降到底，关闭发动机；轴承的间隙量调到无旷量为宜；间隙量调好后，将止退垫圈锁紧
7	检查分配阀操纵杆的灵活性及行程	按分配阀操纵杆的顺序，用钢板尺测量各行程，操纵杆自由行程标准值为7mm左右，若不符合要求，通过调整螺钉进行调整，达到标准值	调整时工作装置降至最低点，发动机必须熄火
8	检查管路接头的连接及漏油状况	按液压系统管路的排列顺序进行检查	更换密封件时工作装置降至最低点，发动机必须关闭；将管路接头处擦拭干净，拧紧时扭力适中，以不渗漏为宜
9	检查全车各总成外部螺栓、螺母紧固及安全锁止状况	目测、检查、紧固	

续 表

步 骤	项 目	方 法	注意事项
10	清洁蓄电池外部，检查蓄电池技术状况	目测液面高度，用密度计测量电解液的密度	防止电解液溅到身上
11	检查各仪表、照明、信号的工作状况并紧定各电线接头	开起动钥匙，用万用表检查各仪表、照明、信号、开关的可靠性	关闭电源，防止短路
12	润滑全车各润滑点	用黄油枪按顺序加注润滑脂	直到将各润滑点的旧油脂压出来为止

（二）每季（或每1000工作小时）维护

装载机每季（或每1000工作小时）维护，是在完成每月维护的基础上，按表4－3－2所列内容和步骤完成。

表4－3－2　装载机每季（或每1000工作小时）维护作业项目

步 骤	项 目	方 法	注意事项
1	更换“三滤”	用工具将空气滤清器滤芯拆下，然后用链条扳手或皮带扳手将燃油滤清器和机油滤清器拆下，装上新的“三滤”	发动机处于熄火状态
2	清洗发动机润滑系统，更换润滑油	拧开发动机油底壳放油螺塞，放出旧油，用清洁的煤油或柴油清洗，控干后拧紧油底壳放油螺塞，加入新油	换油时严禁新油旧油、不同牌号的油品混合使用
3	检调喷油器喷油压力，检查喷雾质量，清理喷嘴积炭	从发动机机体上拆下喷油器后，在柴油机喷油泵试验台上进行试验	经过试验后的部件应保持干净整洁
4	调整进排气门间隙，检查气门密封情况	将气门室盖打开，按发火顺序进行调整，按规定标准用塞尺调整间隙量，经两次调整气门间隙后，应再检查一遍，然后将紧固螺母拧紧	
5	按规定检查螺栓、螺母的拧紧情况	将发动机总成全部螺栓用扭力扳手按顺序和力矩要求进行紧固检查	先中间后两边，一般按对角线顺序紧固
6	检查水泵并更换水泵轴承的润滑脂	用工具将水泵从发动机上拆下解体	清除水泵中的水垢，更换水封，清除水泵轴承的润滑脂，加入新油脂

续　表

步　骤	项　目	方　法	注意事项
7	检查变速箱的技术状况，更换润滑油	用工具、起重机将变速箱拆下，放油，进行解体检查	检查齿轮的啮合情况和轴承的磨损情况，更换新油时箱内要清洗干净，按季节更换所需牌号润滑油
8	检查驱动桥的技术状况，更换润滑油	用工具、起重机将驱动桥拆下放油进行解体检查	检查齿轮的啮合情况和轴承的磨损情况及半轴的磨损情况，更换新油时桥壳内应清洗干净，换季时更换所需牌号润滑油
9	检查制动管路连接和制动片的磨损情况，补充制动液	用钢板尺测量制动踏板行程，制动踏板自由行程标准值为100mm左右，目测制动液液面的高度和制动摩擦片的磨损情况，当摩擦片的磨损程度达到2/3时须更换新片	磨损严重的摩擦片应及时更换，制动液应按原规格牌号进行补充，制动管路接头应紧固，防止制动时管路内进入空气
10	检查转向系统的渗漏和操纵情况	接通电源，起动发动机。当转动方向盘时，方向盘左、右的操纵力应该均匀，不允许存在卡滞现象	
11	检查轮胎、轮辋	用轮胎气压表对准轮胎气门芯测量，目测压力值	前、后轮胎的气压值均为0.28～0.33MPa，轮辋如果有漆脱落现象，应及时进行除锈处理，涂漆防护
12	检查分配阀操纵杆的灵活性及行程	用钢板尺测量各操纵杆的行程，操纵杆自由行程标准值为7mm左右，若不符合要求，通过调整螺钉进行调整，达到标准值	调整时发动机处于熄火状态，工作装置降至最低点
13	检查油缸的工作情况和渗漏情况	接通电源，起动发动机，原地操纵多路阀，使油缸进行工作，目测油缸的工作情况和渗漏情况	
14	检查铲斗、动臂、摇臂、拉杆的裂纹、变形、损伤情况	检查时工作装置降至最低，发动机处于熄火状态	如果需要铲斗起升检查，将铲斗升到一定高度，用支架支好无误后，关闭发动机再进行检查，需要焊接时，应切断电源

续 表

步 骤	项 目	方 法	注意事项
15	检查全车各总成外部螺栓、螺母紧固及安全锁止情况	目测、检查、紧固	
16	检查各仪表、照明开关的工作情况，各紧固无误的可靠性	接通电源，打开起动钥匙，用万用表检查各仪表、照明、信号、开关和各紧固点线接头的可靠性	维修时应关闭电源，防止短路

工作情境：

假设你是某工程机械销售服务商服务人员，公司今天派你带队去为一台装载机做1000小时保养，你知道要做哪些保养项目吗？需要携带哪些材料和工具？

执行方式：

分组讨论、情境演练、实操训练。

任务五　压路机施工

压实机械是一种利用机械自重或通过某种诱发力，在垂直或水平方向对地面持续重复加载，排除土壤内部的空气和水分，使之密实并处于稳定状态的作业机械。

在国民经济建设中，压实机械广泛用于公路、城市道路、铁路路基、机场跑道、港口、堤坝及建筑物基础等基本建设工程的压实作业。

公路建设中，路基土壤和路面铺层都要进行逐层压实，公路才能使用。路基土壤压实的目的在于减小土壤的间隙，增加土壤的密实度，提高路基的抗压强度和稳定性，使其达到规定的承载能力。路面铺层压实的目的在于提高被压材料的密实度，使其达到规定的压实度，以抵抗在其上行驶车辆等物体的动力影响，以及雨雪的侵蚀。

在筑路过程中，路基和路面压实效果的好坏，将直接关系到公路的质量和使用寿命。

子任务 5.1　起动前检查

挖掘机操作员小李每天起动压路机直接工作，经过一段时间的工作后，压路机出现了各种各样的问题，导致压路机停工。工作期间还出现过一些危险事故，面对出现的这些问题，操作员小李应该怎么做?

压路机操作员小李以前的工作方法是不对的，操作压路机前我们要学习压路机安全操作规程，起动前要检查压路机，工作中要观察压路机监控面板参数，工作后要检查压路机，出现问题后要及时维修，减少压路机的停工时间。

专业能力

◇ 认知压路机安全操作规程；

◇ 掌握压路机的起动前检查项目。

方法能力

◇ 学生形成较强的制订工作计划、确定工作方法的能力；

◇ 学生形成较强的自学能力和资料检索能力。

社会能力

◇ 学生养成诚实守信、吃苦耐劳的优良品德；

◇ 学生能将安全生产意识和积极学习、工作的习惯运用到社会生活中；

◇ 学生具备较强的集体荣誉感，形成善于与人共事共处的沟通协作能力；

◇ 学生形成较强的口头和书面表达能力。

6 学时

由教师给出学习任务，分析重点、难点，提供解决思路，指导完成任务。学生通过自主学习，能掌握压路机安全操作规程，完成起动前检查和施工中检查。学生间讨论交流，加深对本学习任务的理解。

（一）压路机操作规程

1. 作业前的准备。

（1）检查各工作机构及紧固部件是否完好。

（2）起动发动机，经试运转确认正常，且制动、转向等工作机构性能完好，压路机方可进行作业。

（3）轮胎式压路机轮胎气压调整到规定作业压力范围，全机各个轮胎气压应一致。

（4）用增加或者减少配重的方法，将压路机的作业线压力调整到规定数值。

（5）对松软的路基及傍山地段的初压，作业前须勘查施工现场，确认安全后压路机方可驶入作业。

2. 作业中要求。

（1）作业时，操作人员应始终注意压路机的行驶方向，并遵照施工人员规定的压实工艺进行碾压。

（2）应注意各个仪表的读数，发现异常，必须查明原因并及时排除，严禁设备带病作业。

（3）应将振动压路机的振幅及频率控制在规定的范围内。

（4）振动压路机在改变行驶方向、减速或停驶前，应先停止振动作业。

（5）多台压路机联合作业时，应保持规定的队形及间隔距离，并应建立相应的联络信号。

（6）当改变方向时必须在规定的碾压段外转向，平稳地改变运行方向，不允许压路机在惯性滚动的状态下变换方向。

（7）必须遵照规定的碾压速度进行碾压作业，在碾压过程中，不得随意改变碾压速度及方向，不得中途停机。

（8）三轮压路机在正常情况下禁止使用差速器锁止装置，特别在转弯时严禁使用。

（9）压路机在坡道上行驶时禁止换挡，禁止脱挡滑行。

（10）严禁牵引拖动压路机，亦不允许用压路机牵引其他机械。

（11）不允许压路机长距离自行转移。

3. 作业后的要求。

（1）作业后，压路机应停放在安全、平坦、坚实的场地。

（2）每班作业后，应清洗全机污物；沥青路面作业后，应用煤油擦洗碾压轮表面。

（3）按规定对压路机进行维护。

（二）压路机的操作装置及仪表

如图 5－1－1 所示。

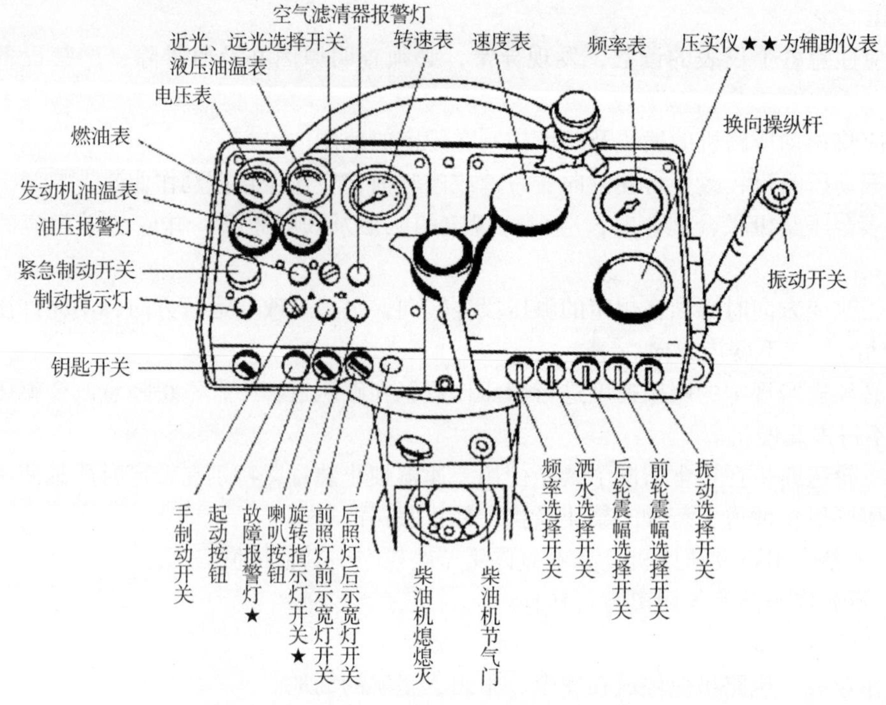

图 5－1－1 压路机操作台

（三）起动前检查

1. 检查冷却液的量，如果冷却液过少，加水。
2. 检查发动机油底壳中的油位，如果机油过少，加机油。
3. 检查燃油的油量，如果燃油过少，加燃油。
4. 检查液压油的油量，如果液压油过少，加液压油。
5. 将手制动操作杆置于制动位置。
6. 检查电源线桩子是否有松动。
7. 检查喇叭是否正常。
8. 检查油水分离器中的水和沉淀物，放出水和沉淀物。
9. 从燃油箱底部放出水和沉淀物。
10. 检查工作装置是否需加注润滑脂。
11. 检查机器仪表、指示灯是否正常。

工作情境一：

压路机操作员小李每天起动压路机直接工作，经过一段时间的工作后，压路机出现了各种各样的问题，导致压路机停工。工作期间还出现过一些危险事故，面对出现的这些问题，操作员小李应该怎么做?

工作情境二：

作为压路机操作员，做压路机起动前检查，需要检查哪些项目？需要哪些工具？小李在教师的指导下完成压路机起动前检查。

执行方式：

分组讨论、情境演练、实操训练。

子任务 5.2　基本动作训练

小李学习压路机操作，在学习了压路机相关理论知识后，要到压路机上进行实作训练，小李要从哪里入手学习呢？学习中有哪些注意事项呢?

小李在学习了压路机相关理论知识后，对压路机工作装置、驾驶室内的操作装置、监控器和操作手柄有了一定的认识，接下来，小李应该操作压路机手柄，将操作手柄的动作与工作装置的动作对应起来，了解操作手柄的行程与工作装置运动速度的关系。

专业能力

◇　知道压路机分解动作的操作方法；

◇　知道压路机的起动和熄火方法。

方法能力

◇　学生形成较强的制订工作计划、确定工作方法的能力；

◇　学生形成较强的自学能力和资料检索能力。

社会能力

◇ 学生养成诚实守信、吃苦耐劳的优良品德；
◇ 学生能将安全生产意识和积极学习、工作的习惯运用到社会生活中；
◇ 学生具备较强的集体荣誉感，形成善于与人共事共处的沟通协作能力；
◇ 学生形成较强的口头和书面表达能力。

12 学时

由教师给出学习任务，分析重点、难点，提供解决思路，指导完成任务。学生通过自主学习，能掌握压路机操作方法，完成起动、熄火。学生间讨论交流，加深对本学习任务的理解。

压路机基本操作

1. 转向盘的操作。

（1）两手分别位于转向盘轮缘左、右两侧，左手稍微向上，右手稍下，拇指自然伸直并靠在轮缘上，四指由外向内握住转向盘。

（2）直线行驶时，两手握住转向盘，避免不必要的晃动，及时修正方向。

（3）转向时，以左手为主，右手为辅，互相配合，当右手操作其他机构时，左手进行转向。

（4）急转弯时，可用两手交替操作转向盘。向右转时，左手向右推送，右手顺势下拉，右手迅速回握转向盘右侧，左手迅速抽出，握住转向盘左上方接力推送，反复进行，视需要停止。向左转弯反向操作。

2. 压路机行走。

（1）将刹车按钮旋至“开”状态（指示灯灭）。

（2）按行驶方向及速度大小，向前推或向后拉行车操纵手柄至合适位置。注意：此操作过程不要过快、过猛，以免损坏机器。绝不允许由前进（后退）位置越过中位直接拉（推）至后退（前进）位置。

（3）在压路机进行振动压实前，柴油机油门操纵手柄必须拉到最大，然后按下振动开关，振动轮开始振动。

3. 压路机的调车方法。

使用压路机进行压实作业时，为进行下一个压实循环而进行的压路机横向移位叫倒轴。压路机的调车换向必须在碾压段以外进行。

换向前调车，指压路机碾压运行到接近路段外时，在一定的距离内将压路机按主轮重叠宽度的要求向左或右移动，以达到倒轴的目的。具体做法是（以向左倒轴为例）：在压路机接近路段终点时，向左打转向盘，待压路机向左侧移到规定距离后，向右回转转向盘，直到车身回正后，再向左移动转向盘将转向轮回正。停车之后，车身和转向轮都已经处于直线行驶状态。操纵换挡，起步直线行驶再开始压实作业，即完成压路机倒轴调车。

4. 碾压基本作业方法。

（1）穿梭法。穿梭法是压路机依次并适当重叠地对作业地面来回碾压。它适用于压实较小的场地，如路基、路面等。

（2）环形法。环形法是压路机依次并适当重叠地对作业地面环绕碾压。它适用于碾压较宽阔的场地，如广场、球场等。

5. 道路碾压程序。

压路机压实作业时应以路基或路面中心线为目标，从左右两边线开始向中心线逐趟碾压（压路机在纵向长度运行一次为一趟），直至压路机的主轮压到中心线为止，最后在路中加压那些主轮仍未按要求压到的地方，即先两边后中间。

图 5 -2 -1　坡道的碾压

6. 坡道的碾压。

上坡碾压时压路机的驱动轮应在后面（串联式压路机），以承受坡道传递的驱动力，前轮起预压作用，使混合料能够承受驱动轮产生的剪切力。压路机起步、停车和加速都要平稳，避免速度过高过低；此外先用静力预压，等到混合料温度降到接近下限（120℃）时，才能使用振动压实。下坡碾压时驱动轮应在后面，此外还应避免压路机的突然变速或制动，在很陡的坡上应先使用轻型压路机预压，如图 5 -2 -1 所示。

工作情境一：

小李学习压路机操作，在学习了压路机相关理论知识后，要到压路机上进行实作训练，小李要从哪里入手学习呢？学习中有哪些注意事项呢？

工作情境二：

小李在教师指导下，完成压路机基本动作训练。

执行方式：

分组讨论、情境演练、实操训练。

子任务5.3　压路机施工作业

小李到企业参加压路机操作实习，公司要求碾压一段路面，小李面对这样一个任务，需要学习哪些方面的知识?

小李在学习了压路机的基本操作后，能操作压路机完成简单的工作，接下来，小李要碾压一段路面。根据路面材料，选择压路机，确定碾压程序，学习压路机与其他机械的配合。

专业能力

◇　口述压路机碾压的操作方法；

◇　能根据路面材料选择碾压方法。

方法能力

◇　学生形成较强的制订工作计划、确定工作方法的能力；

◇　学生形成较强的自学能力和资料检索能力。

社会能力

◇　学生养成诚实守信、吃苦耐劳的优良品德；

◇　学生能将安全生产意识和积极学习、工作的习惯运用到社会生活中；

◇　学生具备较强的集体荣誉感，形成善于与人共事共处的沟通协作能力；

◇　学生形成较强的口头和书面表达能力。

24 学时

由教师给出学习任务，分析重点、难点，提供解决思路，指导完成任务。学生通过自主学习，能掌握压路机碾压作业的操作方法。学生间讨论交流，加深对本学习任务的理解。

压路机施工作业

1. 路基碾压作业。

碾压原则：先两边，后中间；先轻后重，先慢后快，先静后动。

路基的碾压一般是碾压路基土方的底基层石灰土和基层水泥稳定沙砾碾压等。高等级筑路施工中，上述筑路材料的碾压工艺流程（铺层厚度、压实机型、碾压顺序和遍数）均经试验确定，一般工序是先用 10 ~ 15t 中型压路机静碾压两遍，然后用中型振动压路机（自重 10t，激振力 25t）振动压实两遍，最后用重型振动压路机（自重 18t，激振 41t）振压两遍即可达到密实度。碾压时，碾压速度控制在 3km/h 之内，防止压实表面出现推移起皮现象，尤其是在最后碾压过程中。

2. 沥青混凝土碾压作业。

（1）开始第一遍碾压的最佳温度石油沥青为 120℃ ~ 150℃（渣油沥青为 90℃ ~ 110℃）。若碾压温度过高，材料会在滚轮前受到挤压，出现沿滚筒边缘膨胀产生横向裂纹和黏附于滚筒上的现象。

（2）压路机要尽量靠近摊铺机碾压，并采取先轻后重的施压方法，以确保在混合料冷却到低于所需最低温度前达到密实度要求。

（3）保持碾压速度恒定，热料面层上不要任意停车；转向或起步时应缓慢，这样可以把压痕减到最小。

（4）在碾压新铺混合料时，操作人员应先将驱动轮驶入新鲜混合料场（驱动轮在前），以减少波纹和断裂现象。

（5）振动压路机转移、换向或停驶时要断开振动，等到压实作业时再接通。

（6）碾压时变更碾道（倒轴调车）要在碾压区较冷的一端进行；要避免在热沥青料层上停机；压路机停放时要与行驶方向形成一定角度。

3. 常规碾压方法。

（1）普通碾压方法。

压路机以与道路中心线平行的方向行驶，从路边缘开始逐渐移向路中，每一次的碾压应与前一次的碾压带大约重叠10～20cm。

（2）交替碾压方法。

同普通碾压方法基本相同，压路机也是从路边开始向中心线移动，不同的是碾压带重叠宽度为压路机滚轮宽度的50%。此种方法可减少混合料的推挤或避免出现波纹等碾压缺陷。

碾压施工中，采取何种方法、何种参数进行碾压，一般都由施工技术人员指定。

（3）接缝的碾压。

进行横向接缝碾压应在开始时断开振动机构，此时压路机的大部分重量支承在旧料上，只有压路机主轮轮宽的10～20cm位于新料上，然后压路机逐步横向移动，直到全部轮宽进入新料时才能接通振动机构，可采用搭板离开铺层。如图5－3－1所示。

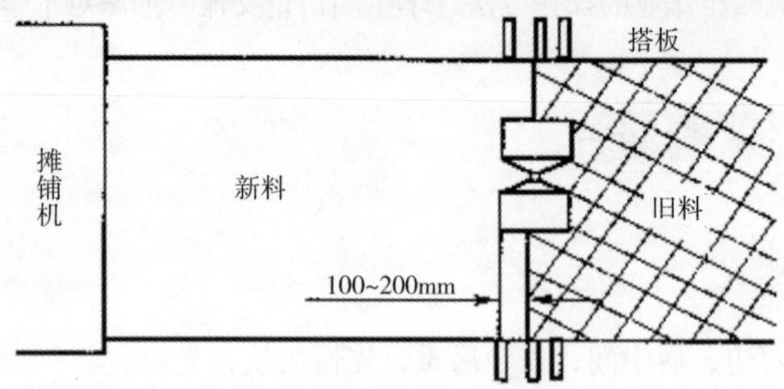

图5－3－1　横向接缝的碾压

（4）弯道及交叉路口的碾压。

碾压弯道或交叉路口时，容易在铺料层上产生剪切力，剪切力会导致材料产生位移，可采用下列方法碾压，如图5－3－2所示。

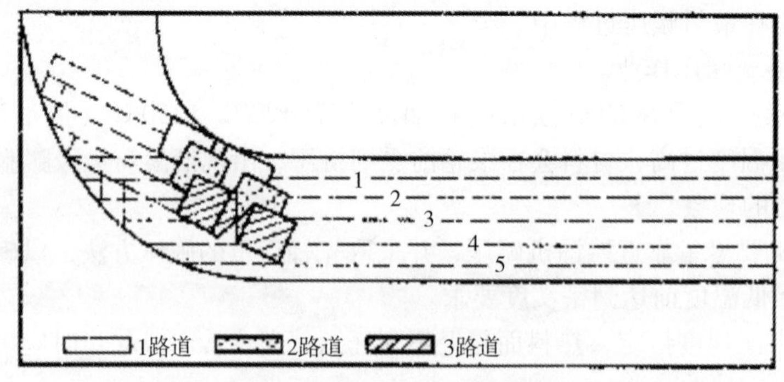

图5－3－2　弯道碾压

①从弯道内侧或较低的一边开始碾压，以利于形成一个良好的支承面。

②尽可能直线碾压，避免在弯道上换向。

③可采用缺角式碾压，并逐一转换压道。

④不要在没有压实的混合料上换向。

⑤转向应与速度配合，行驶很慢时不应较快转向。

⑥尽可能采用振动碾压以减少剪切力。

（5）消除路面横向波纹和纵向轮迹的方法。

当沥青混凝土达到压实标准后，应立即改用静力压实方式碾压 2 ~4 遍，以提高路面表层的密实度，同时清除路面表面的轮压痕迹。

为了有效地消除路面的横向波纹和纵向轮迹，可采用压路机斜向运行方案，即碾压方向与路面纵向中线成 15°，左右夹角碾压 1 ~2 遍（如图 5 -3 -3）；也可用轮胎压路机将轮胎升降机构锁定，更换适当配重或用三轮三轴式光面静力压路机碾压，能有效地消除微小裂纹和波纹缺陷。

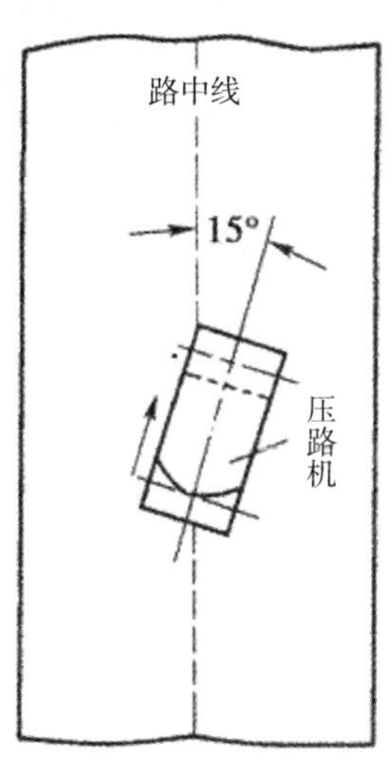

图 5 -3 -3　终压时消除路面纵向轮迹

工作情境一：

小李到企业参加压路机操作实习，公司要求碾压一段路面，小李面对这样一个任务，需要学习哪些方面的知识？

工作情境二：

小李在教师的指导下碾压路基，针对不同的碾压环境选择合适的碾压方法，碾压顺序是什么呢？如何消除轮迹？

执行方式：

分组讨论、情境演练、实操训练。

学习任务六　压路机维护保养

压路机是利用碾轮的碾压作用使土壤、路基垫层和路面铺砌层密实的自行式压实机械。它广泛应用于筑路、筑堤和筑坝等工程。压路机按压实原理可分为静作用式压路机和振动式压路机等。

子任务 6.1　静作用光轮压路机维护保养

静作用光轮压路机是借助自身质量对被压材料实现压实的。它可以对路基、路面、广场和其他各类工程的地基进行压实。其工作过程是沿工作面前进与后退进行反复滚动，使被压实材料达到足够的承载力和平整的表面。

假设你是某工程机械销售服务商服务人员，公司今天派你带队去为一台静作用光轮压路机做三级保养，你知道要做哪些保养项目吗？需要携带哪些材料和工具？

虽然静作用光轮压路机压实地基没有振动压路机有效，而压实沥青铺筑层又没有轮胎压路机性能好，但由于静作用压路机具有结构简单、维修方便、制造容易、寿命长、可靠性好等优点，目前还在生产并被大量使用。

专业能力

◇ 学生在工作中认真落实静作用光轮压路机的定期维护作业；

◇ 学生能描述静作用光轮压路机各级定期维护的主要项目。

方法能力

◇ 学生形成较强的制订工作计划、确定工作方法的能力；

◇ 学生形成较强的自学能力和资料检索能力。

社会能力

◇ 学生养成诚实守信、吃苦耐劳的优良品德；

◇ 学生能将安全生产意识和积极学习、工作的习惯运用到社会生活中；

◇ 学生具备较强的集体荣誉感，形成善于与人共事共处的沟通协作能力；

◇ 学生形成较强的口头和书面表达能力。

10 学时

首先，学生须明确学习任务的内容和目标；

其次，学生应广泛利用各种媒介搜集有关资讯，筛选信息，为我所用；

最后，学生应认真观看教师示范或视频媒体，大胆提问，认真、科学地制订实施计划，有组织地开展实训工作。

本书以 3Y12/15 型压路机为例介绍静作用光轮压路机的定期维护保养。

（一）每班保养

1. 完成柴油机每班保养项目。

2. 检查各部联接固定情况。紧固松动的螺栓、螺母、螺钉和管路、线路接头，清除渗漏。

3. 检查主离合器的工作情况。主离合器应结合充分、传动平稳，无打滑、冒烟、发响和温度过高现象，分离应彻底无拖滞。

4. 检查换向离合器的工作情况。换向离合器操纵压路机前进、后退应平稳迅速，当发生换向抖动、迟滞或某方向行驶压轮滚动不均匀时，应查明原因并排除。

5. 检查转向系统的工作情况。转向操纵应轻便、灵敏、无拖滞和抖动，液压泵停止工作时，压路机应仍能实现转向。

6. 检查制动系统的工作情况。制动应灵敏、可靠，解除制动无拖滞；踏板、连杆、拨叉、壳体等件铰接处不得松旷或卡滞。

7. 检查齿轮箱和轴承的工作情况。变速齿轮箱、后传动轴、传动齿轮和压轮轴承工作时不得有温度过高现象。

8. 检查差速联锁操纵装置的工作情况。差速联锁应结合充分、分开彻底。

9. 检查信号、照明装置工作情况。信号灯、照明灯、仪表灯等应接线牢固、工作良好。

10. 按润滑图表规定加注润滑脂。

11. 擦拭机械、清理工具：作业后清除泥水、油污，清点整理工具、附件。

（二）一级保养

1. 完成柴油机每班保养和一级保养项目。

2. 检查加注齿轮油和液压油。变速器、差速器、液压油箱油液数量不足时，按规定加注齿轮油和液压油。

3. 检查调整主离合器踏板自由行程。踏板自由行程的正常值为 15 ~ 25mm，行程不当时应予以调整。

4. 检查调整转向盘自由行程。转向盘自由行程的正常值为 1° ~ 16°（单边 8°），行程过大时应排除油路中空气或调整各铰接 处间隙。

5. 检查调整制动器间隙。制动器处于松放状态时，制动带与制动鼓的正常间隙：制动带两端为 1 ~ 2mm，中部为 0.5 ~ 1.5mm。

（三）二级保养

1. 完成柴油机一级保养和二级保养项目。

2. 排放变速箱油、液压油沉淀物。压路机停驶 6h 后，放出变速器和液压油箱底部沉淀物，按规定加注变速箱油和液压油。

3. 清洗液压油过滤器。用清洗液清洗干净，滤网有破损应织补或更换。

4. 检查调整主离合器间隙。主离合器处于结合状态时，分离轴承与分离杠杆间应保持 2 ~ 3mm 的间隙，限位螺钉与中间压盘应保持 1mm 的间隙，各分离杠杆的高度相差不得超过 0. 25mm，否则应进行调整。

5. 检查调整换向离合器。换向离合器应结合充分、分离彻底，如发生打滑或无法分离，应调整主、从动盘的间隙和操纵拉杆的长度。

6. 检查转向操纵压力。转向操纵压力为 7MPa，压力不当应予以调整。

（四）三级保养

1. 完成柴油机二级保养和三级保养项目。

2. 清洗变速器和差速器，过滤齿轮油。趁压路机走热后停机熄火，放净变速器和差速器内齿轮油，用清洗液清洗后，按规定加注过滤沉淀后的润滑油，油液变质应更换新油。

3. 清洗液压油箱，过滤沉淀液压油。趁热放净液压系统全部旧油液，用清洗液清洗液压油箱，按规定加注经过滤沉淀的液压油后，排除系统内空气。

4. 检查调整变速器定位装置。定位装置弹簧预紧力过大时换挡困难，过小时容易跳挡。调整时，拧松固定螺母，顺时针转动调整螺母预紧力增大，反之减小。

5. 拆检制动器。分解清洗各零件，摩擦片磨损严重应换铆新片，各弹簧失效应更换。

6. 拆检换向离合器。分解清洗各零件，主动盘摩擦片磨损应换铆新片，压紧弹簧失效、各轴销磨损严重时应更换。

7. 整机修整。补换缺损的螺母、螺钉、轴销、锁销，焊补、铆合断裂、脱焊之处。

（五）润滑

3Y12/15 型压路机润滑如图 6－1－1 及表 6－1－1 所示。

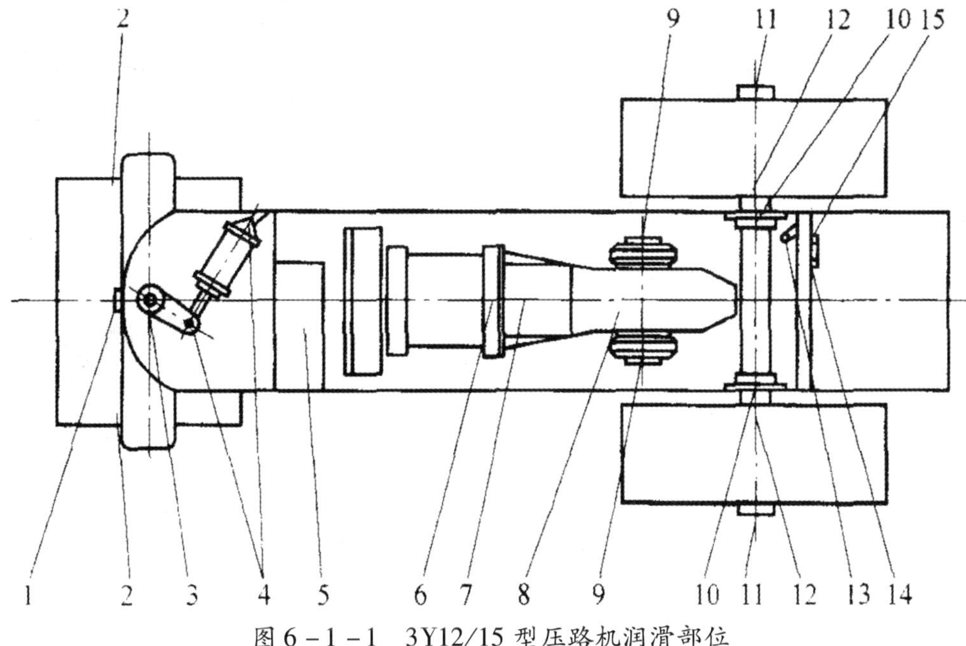

图 6－1－1　3Y12/15 型压路机润滑部位

表 6－1－1　3Y12/15 型压路机润滑参数

周期/h	图中编号	润滑部位	点数	方法	润滑剂
8	10	后轮轴滑动轴承	2	油枪注入或涂抹	钙基润滑脂
	12	左、右侧传动齿轮	2		
50	1	转向主轴横销	重		
	2	转向轮轴承	2		
	3	转向立轴	重		
	4	转向臂销子	1		
		转向液压缸固定销	1		
	6	主离合器轴承	重		
	9	换向离合器轴承	2		
	11	左、右后轮轴承	2		
	14	换向操纵机构下轴座	1		
	15	换向操纵机构上轴座	1		
400	13	差速器联锁装置操纵座	重		
	5	转向液压油箱	1		L－AN32 全损耗系统用油
1200	7	齿轮箱前舱	1	过滤	齿轮油
	8	齿轮箱后舱	1		
	9	液压油箱	1		L－AN32 全损耗系统用油

工作情境：

假设你是某工程机械销售服务商服务人员，公司今天派你带队去为一台静作用光轮压路机做三级保养，你知道要做哪些保养项目吗？需要携带哪些材料和工具？

执行方式：

分组讨论、情境演练、实操训练。

子任务6.2　振动式压路机维护保养

假设你是某工程机械销售服务商服务人员，公司今天派你带队去为一台振动压路机做1000小时保养，你知道要做哪些保养项目吗？需要携带哪些材料和工具？

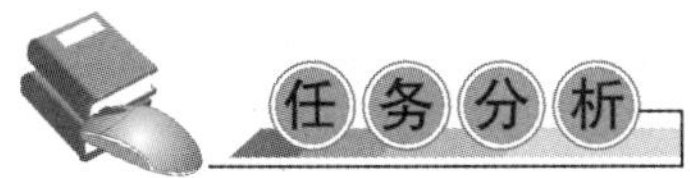

振动式压路机用来压实各种土壤（多为非黏性）、碎石料、各种沥青混凝土等，主要用在公路、铁路、机场、港口、建筑等工程中，是工程施工的重要设备之一。在公路施工中，它多用在路基、路面的压实，是筑路施工中不可缺少的压实设备。

专业能力

◇　学生在工作中认真落实振动压路机的定期维护工作；

◇　学生能描述振动压路机定期维护的主要项目。

方法能力

◇　学生形成较强的制订工作计划、确定工作方法的能力；

◇　学生形成较强的自学能力和资料检索能力。

社会能力

◇　学生养成诚实守信、吃苦耐劳的优良品德；

◇　学生能将安全生产意识和积极学习、工作的习惯运用到社会生活中；

◇　学生具备较强的集体荣誉感，形成善于与人共事共处的沟通协作能力；

◇　学生形成较强的口头和书面表达能力。

14 学时

首先，学生须明确学习任务的内容和目标；

其次，学生应广泛利用各种媒介搜集有关资讯，筛选信息，为我所用；

最后，学生应认真观看教师示范或视频媒体，大胆提问，认真、科学地制订实施计划，有组织地开展实训工作。

（一）YZ12 型振动压路机定期保养

1. 每班保养。

（1）完成柴油机每班保养项目。

（2）检查各部联接固定情况；紧固松动的螺母、螺钉、螺栓、轴销、锁销；清除松动和渗漏。

（3）检查齿轮箱和轴承的工作情况，齿轮箱、各传动齿轮、后传动轴和压轮轴承工作时应无过热现象。

（4）检查轮胎气压，轮胎标定气压为 0.18～0.25MPa，气压过低时应充气到规定值。

（5）检查主离合器的工作情况，主离合器应结合充分，传动平稳无打滑，分离彻底无拖滞。

（6）检查变速、换向的工作情况，变速器各挡位应变换轻便、灵活，换向离合器工作良好。

（7）检查转向系统的工作情况，转向操纵应轻便、灵敏，无拖滞和抖动。

（8）检查制动系统的工作情况，脚制动、手制动应工作良好，制动可靠，解除制动彻底无拖滞，踏板、拉杆、摇臂等件铰接处应无松旷或卡滞。

（9）检查起振装置的工作情况，低速或中速开动压路机后，检查起振装置是否工作可靠。

（10）检查电气设备工作情况，各照明灯、仪表灯、喇叭、电风扇齐全有效，接线牢靠。

（11）按润滑图表加注润滑油脂。

（12）擦拭机械、清理工具：作业后清除泥水、油污，清点整理附件、工具。

2. 一级保养。

（1）完成每班保养和柴油机一级保养项目。

（2）检查加注润滑油和液压油，振动轮、变速器、差速器、液压油箱内油液数量不足时，按标定油位加注润滑油和液压油。

（3）检查调整主离合器踏板自由行程，踏板自由行程正常值为 15 ~25mm，行程不当应予调整。

（4）检查调整转向盘自由行程，转向盘自由行程正常值为8°（单边），行程过大应排除油路中空气或调整各铰接处间隙。

（5）检查调整制动器间隙，制动器处于放松状态时，制动带与制动鼓的正常间隙值为：制动带两端 1 ~2. 5mm，中部 0. 5 ~1. 5mm，不当时应予以调整。

3. 二级保养。

（1）完成一级保养和柴油机二级保养项目。

（2）排放润滑油、液压油沉淀物，压路机停放 6h 后，放出副齿轮箱、变速器、液压油箱底部沉淀物，按规定加注润滑油和液压油。

（3）检查调整主离合器间隙，主离合器处于松放状态时，分离轴承与分离杠杆间应保持 2 ~3mm 的间隙，限位螺钉与中间压盘应保持 1mm 的间隙，各分离杠杆的高度相差不得超过 0. 25mm，否则应做调整。

（4）检查调整换向离合器间隙，换向离合器应结合充分、分离彻底。需调整时，拉出调整架上的定位销，顺时针转动调整架间隙减小，反之间隙增大，调整后上好定位销。必要时可改变操纵拉杆的长度配合调整。

（5）检查调整液压力，振动油路系统压力为 14 ~ 15MPa，转向油路系统压力为10MPa，压力不当应予调整。

（6）整机清洁、紧定，彻底清除各部积土、积污，紧固各联接部位及管、线路接头。

4. 三级保养。

（1）完成二级保养和柴油机三级保养项目。

（2）更换振动轮内润滑油，趁压路机走热后停机熄火，放出振动轮内的润滑油，按规定加注新油。

（3）清洗传动箱、副齿轮箱，过滤润滑油；趁热放净传动箱和副齿轮箱内的润滑油，用清洗液洗净内腔后，按规定加注过滤沉淀后的润滑油，如油液变质应换新油。

（4）过滤沉淀液压油，趁热放净液压系统内的全部油液，用清洗液清洗液压油箱，晾干洗油后，按规定加注过滤沉淀后的液压油，并排除系统内的空气。

（5）拆检制动器，分解脚制动器和手制动器，摩擦片上如有油污应清洗干净，磨损过甚应换铆新摩擦片。

（6）拆检换向离合器，分解清洗各零件，摩擦片磨损应换新片，弹簧失效、轴销磨损应更换。

（7）整机修整，补换缺损的螺母、螺钉、轴销、锁销，焊补、铆合断裂开焊部位，校正变形部件。

5. 润滑图表。

YZ12 型振动压路机润滑如图 6 –2 –1 及表 6 –2 –1 所示。

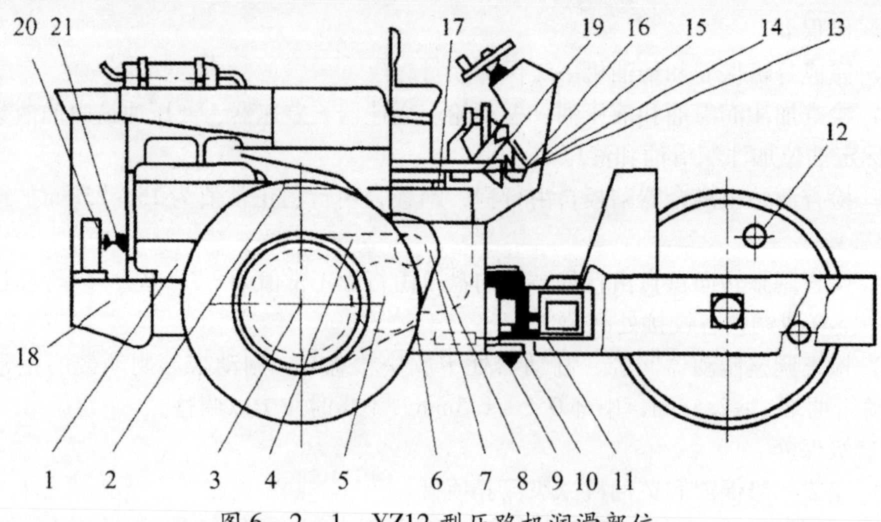

图 6－2－1　YZ12 型压路机润滑部位

表 6－2－1　YZ12 型振动压路机润滑参数

周期/h	图中编号	润滑部位	点　数	方　法	润滑剂
8	1	柴油机曲轴箱	1	检、加	夏季：CC－40 号柴油机油 冬季：CC－30 号柴油机油
	4	侧传动齿轮	2	涂	钙基润滑脂
	8	变速器	1	检、加	夏季：HL－30 号齿轮油 冬季：HL－20 号齿轮油
	20	副齿轮箱	重	检、加	夏季：CC－40 号柴油机油 冬季：CC－30 号柴油机油
50	2	主离合器轴承	1	油枪注入	4 号钙基润滑脂
	5	侧传动中间齿轮轴承	2		
	6	转向液压缸后支座轴	2		
	7	换向离合器压紧轴承	2		
	9	转向液压缸销轴	2		
	10	铰接架垂直销轴	1		
	11	铰接架横销轴	1		
	13	制动踏板轴	1		
	14	制动踏板轴支座	1		
	15	主离合器踏板轴	1		
	16	主离合器踏板轴支座	1		
	17	变速杆座	1		
	19	制动铰接点	1		
	21	传动轴十字节及轴头	3		

续 表

<table>
<tr><th>周期/h</th><th>图中编号</th><th>润滑部位</th><th>点 数</th><th>方 法</th><th>润滑剂</th></tr>
<tr><td rowspan="2">400</td><td>12</td><td>振动轮振动轴轴承</td><td>2</td><td rowspan="2">检、加</td><td>柴油机油</td></tr>
<tr><td>18</td><td>液压油箱</td><td>1</td><td>40 号低温液压油</td></tr>
<tr><td rowspan="5">900</td><td>3</td><td>驱动轮轮毂轴承</td><td>2</td><td rowspan="5">更换</td><td>柴油机油</td></tr>
<tr><td>12</td><td>振动轮振动轴轴承</td><td>2</td><td>夏季：CC－40 号柴油机油
冬季：CC－30 号柴油机油</td></tr>
<tr><td>20</td><td>副齿轮箱</td><td>1</td><td>夏季：HL－30 号齿轮油
冬季：HL－20 号齿轮油</td></tr>
<tr><td>8</td><td>变速器</td><td>重</td><td rowspan="2">40 号低温液压油</td></tr>
<tr><td>18</td><td>液压油箱</td><td>1</td></tr>
</table>

（二）YZ16JC/YZ18JC 型振动压路机维护保养案例

1. YZ16JC/YZ18JC 型振动压路机保养检查点，如图 6－2－2 所示。

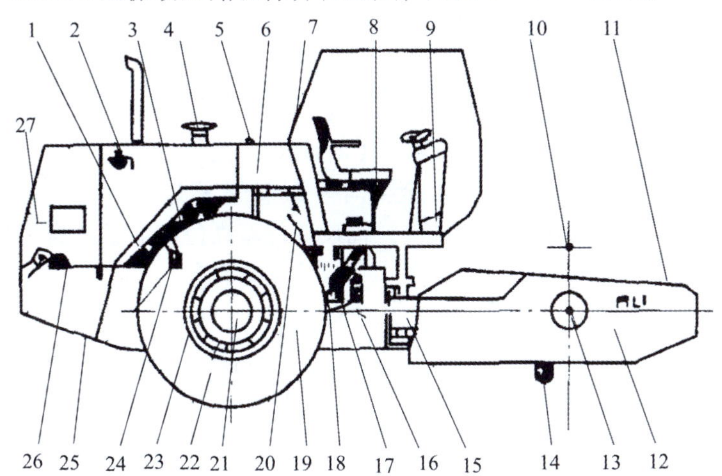

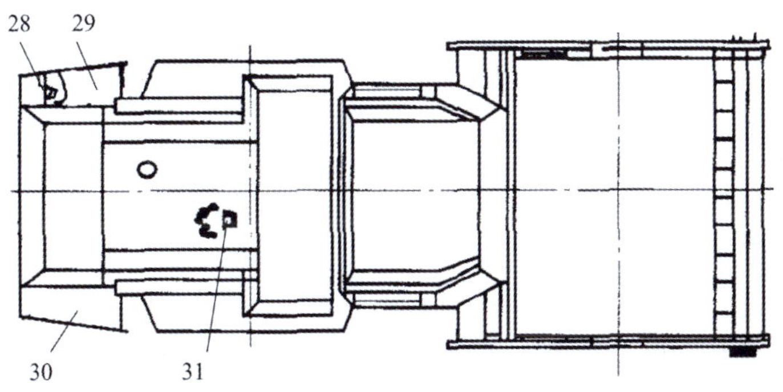

图 6－2－2 YZ16JC/YZ18JC 型振动压路机保养检查点

1—发动机供油泵；2—发动机气门；3—发动机润滑油油位；4—空气滤清器；5—液压油加油口；6—液压油过滤器；7—液压油油位计；8—手制动；9—脚制动；10—振动轮润滑油加油口；11—刮泥板；12—减振器及紧固螺栓；13—振动马达；14—振动轮油位塞；15—铰接架；16—转向液压缸；17—制动器；18—侧传动；19—变速器；20—振动泵；21—轮辋；22—轮胎；23—轮胎紧固螺母；24—发动机燃油及机油滤清器；25—柴油箱放油塞；26—柴油箱加油口；27—润滑油、液压油散热器；28—柴油滤清器；29—柴油箱；30—蓄电池箱；31—离合器

2. 定期保养。

（1）每日保养（每运行10h）。

①调节刮泥板。

松开刮泥板的固定螺栓。

使刮泥板口装在离振动轮25mm的地方。

重新拧紧刮泥板螺栓。

②发动机润滑油油位检查。

将压路机停在水平地面，然后将发动机熄火。

取出润滑油标尺，并检查油位。

如果量得的油位接近或低于标尺上的低标记，就应添加润滑油，加油量及加油方法如图6－2－3所示。当油面低于油尺上“L”（低油位）记号或高于“H”（高油位）记号时，决不能起动柴油机。柴油机停机后至少需等5min才能进行油位检查，以使润滑油有充分时间流回油底壳，检查结果才能准确。油尺低位至高位的油量差为3. 6L。

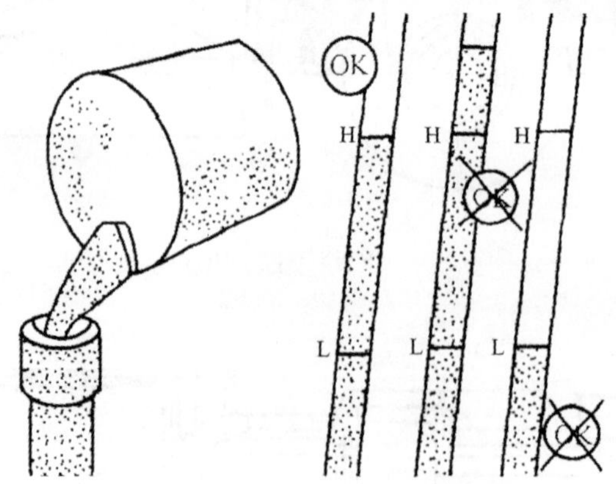

图6－2－3　机油加油量及加油方法

③液压油油位检查。

将压路机开到水平地面，然后观察油标。如果油位低于油标2cm以上，就用相同牌号的液压油补足。液压油决不能混用。液压油箱油位检查如图6－2－4所示。

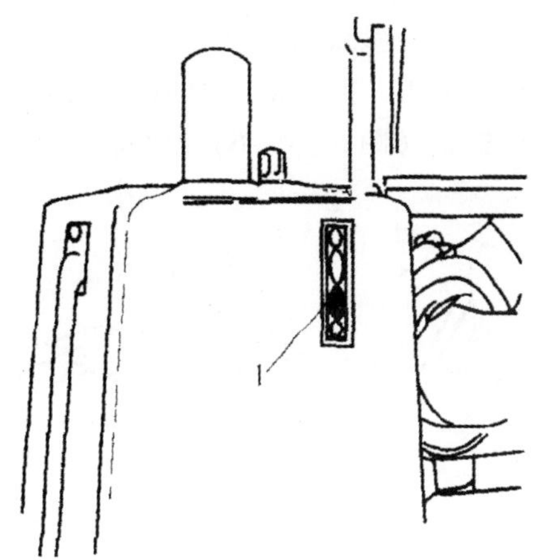

图 6-2-4 液压油箱油位检查

④手制动器的调试。使制动器保持良好制动状态，否则应予以调整。

⑤向柴油箱加柴油。用钥匙打开油箱盖，每天向柴油箱中加柴油，加至柴油油箱的4/5为止，冬季及时使用冬季柴油，这样不会由于石蜡析出而使柴油失去流动性。

⑥制动液油量的检查。要随时保证油杯内具有充足的制动液。

（2）每周保养（每运行50h）。

①空气滤清器的清洁。

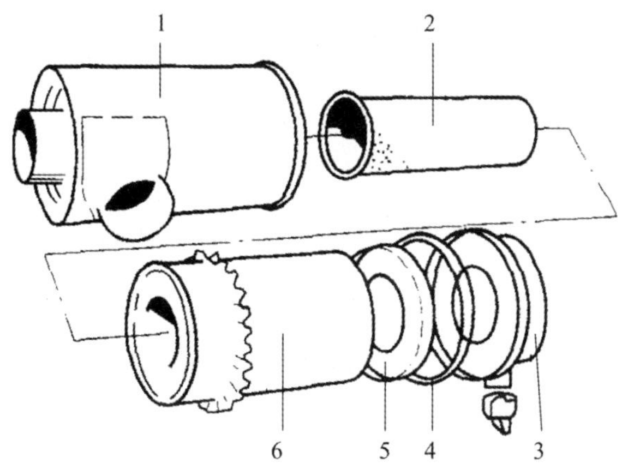

图 6-2-5 空气滤清器

1—滤清器外壳；2—内滤芯；3—外盖；
4—卡箍；5—内盖；6—外滤芯；

按其灰尘多少，每运转10~50h清洁一次。如图6-2-5所示，松开卡箍4并拆下外盖3，拧开过滤器中部的蝶形螺母，并卸下内盖5，用清洁的布清洗外盖3。松开蝶形螺母拆下外滤芯6。保证在柴油机工作时灰尘不能透过过滤器进而进入发动机进气管，若有联接件软管或其他元件渗漏，必须立即更换。

用清洁布擦净滤清器外壳1的内表面，并用布清洁进气管。保证过滤器外壳和发动机之间的联接件以及软管没有损伤、没有渗漏。

②检查所有油管和管接头，以防渗漏。

③检查蓄电池。打开蓄电池箱盖，擦净蓄电池顶部，打开各个蓄电池的螺塞1，检查液面可采用液面检查器2进行检验（图6－2－6）。

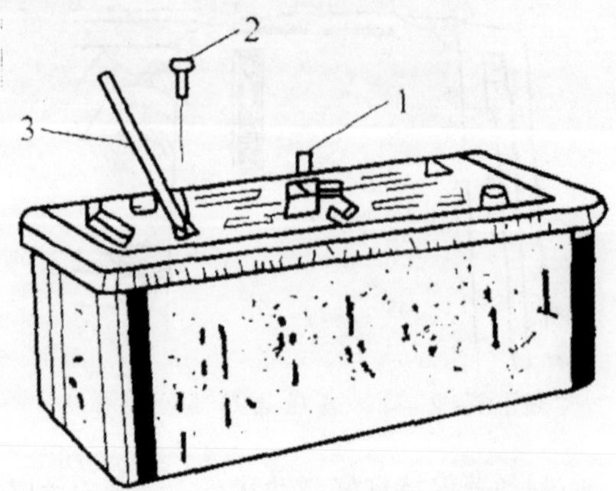

图6－2－6　蓄电池液面高度检查

1—螺塞；2—液面检查器；3—木棒；

若没有检验器，则可用一干净木棒3插在格内，直到铅板的上缘，电解液应浸湿木棒约10～15mm。

若液面过低，则添加蒸馏水，如果外界温度低于结冰点，可在加入蒸馏水后，起动柴油机一段时间，否则电解液会结冰。若发现蓄电池接线柱有腐蚀应及时清除，涂上凡士林。

特殊要求的压路机采用了免维护蓄电池，除检查接线柱联接和亏电时及时充电外，其余不需要维护。

④检查振动轮油位。将压路机开到水平路面，以便使放油螺塞1转到最高位置（图6－2－7），拧开油位调整螺塞2，应有油液流出。

注意：油液过多或过少都会使振动轴过热。

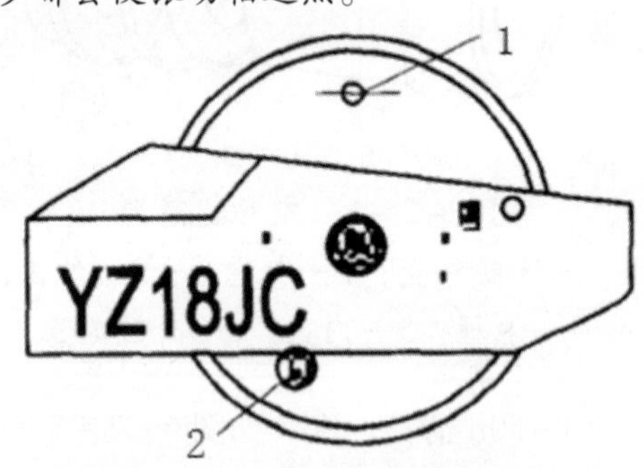

图6－2－7　检查振动轮油位

1—放油螺塞；2—油位调整螺塞

⑤检查减振器。保证橡胶减振器没有任何损坏，且正确拧紧紧固螺栓，如发现减振器上有20～25mm深的裂纹，应及时更换新的橡胶减振器。

⑥铰接头润滑。铰接处的四个关节轴承分别通过油杯M10×1即图6－2－8所示的1、2、

3、4共四个位置上的黄油嘴打入锂基润滑脂进行润滑。在加完油后让少量黄油留在黄油嘴上，以防灰尘进入。如果黄油不能进入轴承中，就需用千斤顶，减少轴承的负荷后注油。

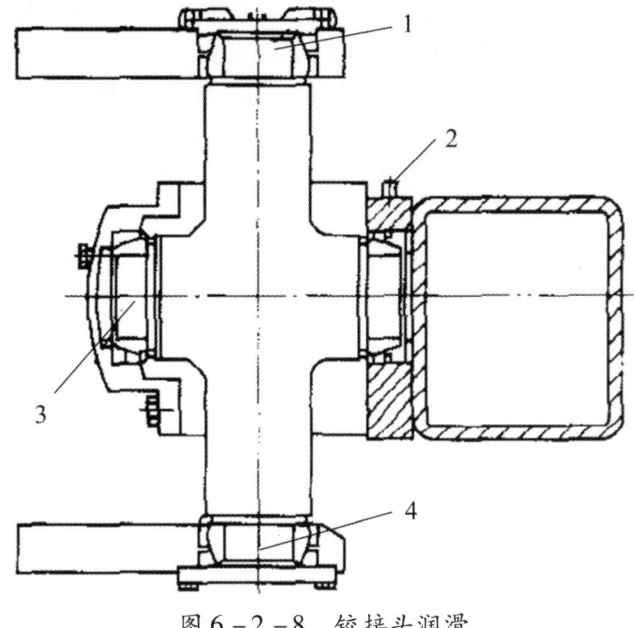

图6-2-8　铰接头润滑

⑦轮胎气压检查。用轮胎气压表检测左右两侧轮胎气压，保证轮胎气压在0.25~0.35MPa。

⑧轮胎固定螺母紧固性检查。用扭矩为500N·m扳手检测左右轮胎固定螺母的紧固性，达不到该值则拧紧。

⑨检查并紧固重要部位的螺栓。振动轮与前车架联接螺栓、铰接架中间的十字轴紧固螺栓、发动机固定螺栓、离合器壳固定螺栓以及泵、马达固定螺栓等是否松动，如松动则立即紧固。

⑩转向液压缸的安装件润滑。在给铰接头加完黄油后，即可给装在转向液压缸两边的黄油嘴加足黄油，保证黄油进入轴承内。

（3）每两周保养。

液压油冷却器表面清洗。擦干净液压油冷却器表面的灰尘及油垢，用压缩空气或强水流冲净板翅式冷却器通风空道。若用蒸汽喷射清洗机则效果更佳。

（4）每月保养。

①变速器油位检查。在检查油位时要保证压路机停放在水平地面上，停车5min，待润滑油充分流回油池后，观察前、后箱油标尺，油位应在上下刻度之间，不足则添加。

②制动系统检查。当踩下脚制动踏板，发现制动不灵时，要及时进行检查和保养。

制动系统油管、接头有无渗漏现象。

制动液油量是否充足，要随时保证制动液面处于正确位置。

制动油缸是否漏油。

③润滑油和机油滤清器的更换。

在发动机热机时放润滑油较好，因为在该情况下，杂质更容易与润滑油混合，而随热油一起排出，同时，热的润滑油容易排出。放油时，首先清洁放油塞和加油口的外表，并在放油塞下放一个不小于15L的容器，拧下放油塞，让所有旧润滑油流出后重新拧紧放油塞，从加油口注入新机油，使油位达润滑油标尺的上标记处，但不要超过，然后做短期试运转，再次检查油位。新加油量约为12L。

更换机油滤清器时，松开旧滤清器，将其取下，在新的滤清器橡胶密封垫上涂一层干净的新机油，将新的拧上，待密封圈落座贴合后，再拧紧半圈。然后起动柴油机，在试车过程中检查润滑油压力和滤清器密封状况。如果在更换过程中有空气进入燃油系统，柴油机不能够起动，那么就必须将燃油系统中的空气排出。

更换滤芯时特别要注意不得污染润滑油。新滤芯装好后，起动柴油机，检查滤清器周围应无渗漏。

（5）每三个月保养（每运行500h）。

①调节气门间隙（参看柴油机说明书）。

②更换液压油过滤器滤芯。

注意：新车投入使用或更换液压油后第一个月即需更换液压油过滤器的滤芯，之后每隔三个月更换滤芯一次。

（6）每半年保养（每运行1000h）。

①排出燃油系统中的空气。如果空气进入燃油系统，柴油机将不能正常起动或熄火，所以必须排出燃油系统中的空气。排气时，如图6－2－9所示，先松开放气螺栓1，用手压动输油泵手动泵油杆2，直到无泡油流从放气螺栓1中流出为止，然后拧紧放气螺栓。

经拆装的高压油管也要排出管内的空气。松开高压油管连接螺母几圈，油门全开，起动，直到不含气泡的柴油通过联接螺母流出为止，然后拧紧高压油管接头。

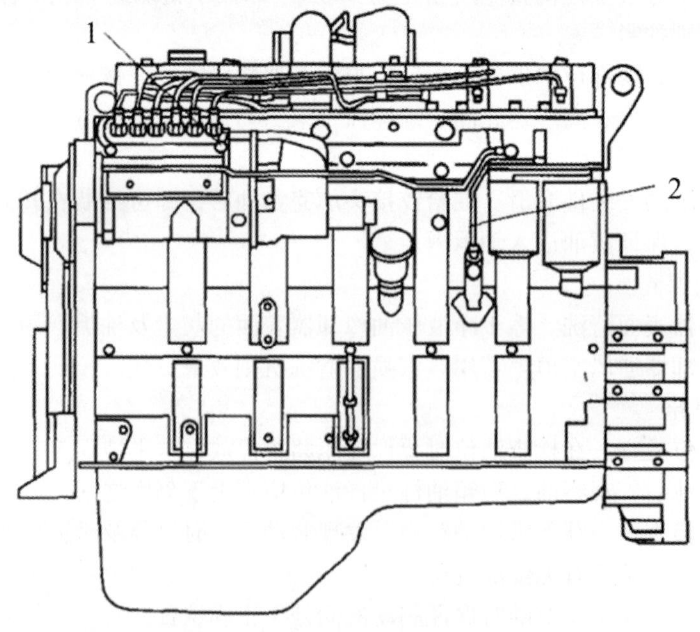

图6－2－9　柴油机侧向视图

1—放气螺栓；2—输油泵手动泵油杆；

②更换压路机振动轮润滑油。将压路机开到小坡度路面上，如图6－2－7所示，使放油螺塞1转到最低位置，卸下螺塞1，将油放入一个容器中。放尽油后，将压路机开到水平路面上，使螺塞1到最高位置，通过螺塞1加入新润滑油，油位调整螺塞2流出油液，油量不可过多，亦不可太少。由于振动轮采用桶式结构，两侧油室相通，故检查单侧油位即可。

③排出柴油箱杂质。柴油箱中的水和沉淀物可以通过油箱底部的螺塞排放。放油前，先使压路机停放一段时间（隔一夜），卸下螺塞，放出水和沉淀物，直到刚有清洁的柴油流出为止，重新装好排放螺塞。排放前最好使压路机一侧稍高，从而使沉淀物集中到排放螺塞处。

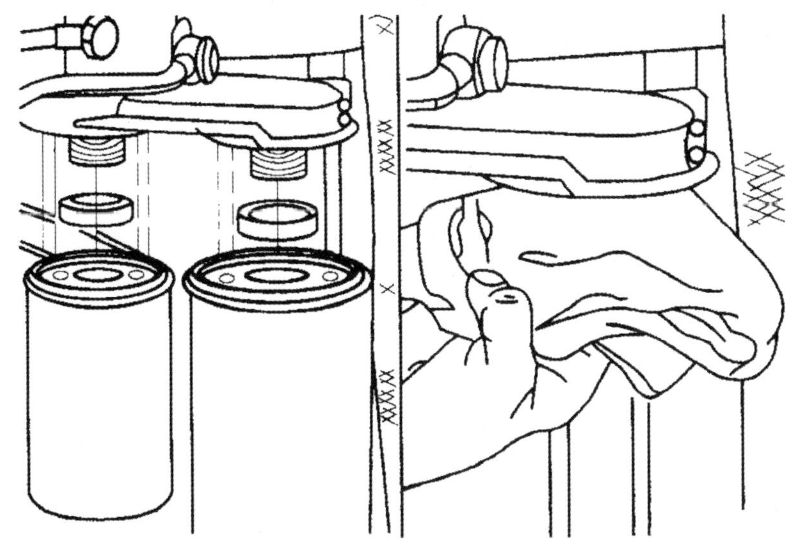

图6－2－10　更换燃油滤清器

④更换燃油滤清器。如图6－2－10所示，首先清洁燃油滤清器头部周围；拆下滤清器后，再清洁滤清器头部垫圈表面；更换“O”形密封圈；最后将干净的柴油注入新的燃油滤清器，并用清洁的润滑油润滑“O”形密封圈。

注意：安装燃油滤清器时，在密封圈接触后，再拧紧1/2到3/4圈即可，过大的拧紧力会使螺纹变形或损坏滤清器“O”形密封圈。

（7）每年保养（每运行2000h）。

①更换液压油箱中的液压油。保养液压系统时，要严格保证液压油的牌号、质量、清洁度，这一切对于保证压路机的正常工作和使用寿命至关重要。更换液压油最好使用带滤清器过滤系统的加油车加油，在更换液压油时应注意下述内容：

彻底清洁液压油箱外表，当取下加油口盖时要防止杂质掉入油箱。

如果要清洗油箱，必须使用极为干净且不掉毛的刷子或布。

由于热油易与杂质混合，且流动性好，因此，应在油热时放油。

国内使用N46低凝抗磨液压油，未经压路机厂商同意，不得使用其他牌号油，绝对禁止两种不同牌号液压油混合使用。

②清洁液压油箱。液压油箱清洁后，全部密封必须可靠，不允许渗漏，密封面使用国

产601密封胶，或使用进口乐泰密封剂，以保证良好的密封。

（8）发动机保养。详见发动机使用保养说明书。

工作情境：

假设你是某工程机械销售服务商服务人员，公司今天派你带队去为一台振动压路机做1000小时保养，你知道要做哪些保养项目吗？需要携带哪些材料和工具？

执行方式：

分组讨论、情境演练、实操训练。

参考文献

1. 张育益、张珩:《图解装载机构造与拆装维修》，化学工业出版社2012年版。

2. 陈国平、谭延平、田留宗:《压实机械日常使用与维护》，机械工业出版社2010年版。

3. 高为群、张复万等:《公路工程机械驾驶与故障排除》，人民交通出版社2005年版。